serie enfoques

Biología

Transformación e intercambio de la
materia y la energía: desde la célula
hasta los ecosistemas.

Marina Santadino
María Riquelme Virgala

longseller
EDUCACIÓN

Coordinación editorial
Beatriz Grinberg

Edición
María Virginia de Haro

Autores
Marina Santadino
María Riquelme Virgala

Diseño de maqueta
Pablo Balcells

Diagramación
Karina Hidalgo

**Diseño e ilustración
de tapa**
Sebastián Cremonese

Documentación fotográfica
María Lía Alagia

Fotografía
Archivo Longseller

Gráficos
Walter García
Karina Hidalgo

© EDITORIAL LONGSELLER S.A.

Showroom de promoción y ventas
Blanco Encalada 2388
(C1428DDL) CABA Argentina
(011)4706-1235 / 3647
promocion@longseller.com.ar
www.longseller.com.ar

Santadino, Marina

Biología : transformación e intercambio de la materia y la energía:
desde la célula hasta los ecosistemas / Marina Santadino y María
Riquelme Virgala. - 1a ed. - Buenos Aires : Longseller, 2011.
192 p. ; 28x20 cm. - (Enfoques)

1. Biología. 2. Enseñanza Secundaria. I. Riquelme, María B. II.
Título
CDD 574.071 2

BLOQUE: METABOLISMO CELULAR:
LAS CÉLULAS COMO SISTEMAS ABIERTOS

Capítulo 3

Transformaciones de materia
y energía en sistemas vivos

BLOQUE: METABOLISMO CELULAR:
LAS CÉLULAS COMO SISTEMAS ABIERTOS

Capítulo 4

Principales procesos de obtención
y aprovechamiento de la energía
química

BLOQUE: ENERGÍA Y MATERIA EN LOS ECOSISTEMAS

Capítulo 7

Ecosistemas manejados por el hombre

1

Unidad de funciones y diversidad de estructuras nutricionales en los organismos pluricelulares

En la lucha por la supervivencia, el más fuerte gana a expensas de sus rivales, debido a que logra adaptarse mejor a su entorno.

Charles Darwin

Delfines, espíritus del río

En busca de presas en las profundidades de la selva, los delfines de agua dulce aprovechan al máximo el desbordamiento anual del Amazonas.

Los delfines nadan entre los árboles. Doblando su sinuoso cuerpo, se deslizan entre las ramas y ondulan alrededor de los delgados troncos cual serpientes. Al momento que los peces salen disparados entre las hojas, los delfines rosados los atrapan con sus hocicos largos y dentados. Es la temporada de lluvias en la parte alta del Amazonas, corriente abajo desde Iquitos, Perú. El desbordamiento del río ha inundado la selva, atrayendo a los delfines de agua dulce a cazar entre los árboles. El delfín amazónico, *Inia geoffrensis*, se separó de sus ancestros oceánicos hace unos 15 millones de años, durante el Mioceno. Según Healy Hamilton, biólogo de la Academia de Ciencias de California, en San Francisco, los niveles del mar eran más altos entonces y gran parte de América del Sur pudo haberse inundado con aguas bajas más o menos salobres. Cuando este mar interior se retiró, los delfines amazónicos se quedaron en la cuenca del río, donde evolucionaron en sorprendentes criaturas. Estos delfines tienen la frente gruesa y abultada, y hocicos delgados y alargados, apropiados para atrapar peces en un entramado de ramas o escarbar en el lodo del río en busca de crustáceos. A dife-

rencia de los marinos, los delfines amazónicos no tienen las vértebras del cuello unidas, lo que les permite girarlo hasta un ángulo de 90 grados, ideal para deslizarse entre los árboles. También tienen aletas laterales anchas, la dorsal reducida (con una más grande se atorarían en lugares estrechos) y ojos pequeños; la ecolocalización, sobre otros sentidos, los ayuda a encontrar sus presas en aguas lodosas. Por eso el gran tamaño de su frente. De hasta 200 kilogramos y dos metros y medio de longitud, es la especie más

grande entre los delfines de río. Los otros viven en el Ganges (India) y el Indo (Pakistán), en el Yangtsé (China) y el Río de la Plata (Argentina y Uruguay) y aunque son parecidos morfológicamente, no pertenecen a la misma familia. En un ejemplo de evolución convergente, especies distintas, aisladas geográfica y genéticamente, desarrollaron características similares porque se adaptaban a ambientes similares.

Mark Jenkins, *Revista National Gegraphic en español*, diciembre de 2009 (fragmento).

El delfín rosado, *Inia geoffrensis*, también conocido como delfín del Amazonas, habita en las cuencas del río Amazonas y del río Orinoco.

1. ¿Qué adaptaciones morfológicas le permiten vivir en el río al delfín rosado?
2. ¿Qué ventajas evolutivas le confieren dichas adaptaciones?
3. ¿Cuál fue el principal motor de la "evolución convergente" de las especies de delfines de río?

Los seres vivos como sistemas abiertos

LUDWIG VON
BERTALANFFY
**TEORIA
GENERAL DE
LOS SISTEMAS**

La "Teoría General de Sistemas" desarrollada por el biólogo alemán Ludwig von Bertalanffy entre 1950 y 1968, define a la palabra sistema como "un conjunto o combinación de cosas o partes que forman un todo complejo o unitario". Imaginemos, por ejemplo, una fábrica de chocolates como un sistema. Dentro de la misma podrá haber una sección dedicada a la producción, otra dedicada a las ventas, otra dedicada a las finanzas, otra dedicada a la limpieza y otra al empaque. Cada una de ellas puede visualizarse como un subsistema, es decir, un componente del sistema principal. Ninguna de ellas es más que las otras, y cuando todas esas secciones trabajan combinadas y están adecuadamente coordinadas, se puede esperar que la fábrica funcione eficazmente.

En cuanto a su naturaleza, los sistemas pueden ser clasificados en dos tipos:

Los *sistemas cerrados* son aquellos que no realizan intercambio con el entorno, pues son herméticos a cualquier influencia ambiental. En rigor, el único sistema completamente cerrado es el universo. Sin embargo, se ha dado el nombre de sistema cerrado a aquellos que operan un muy pequeño intercambio de materia y energía con el medio ambiente, por ejemplo, como un termo herméticamente cerrado.

Los *sistemas abiertos* son los que presentan relaciones de intercambio con el ambiente a través de entradas y salidas de materia y energía. Son *adaptativos*, esto es, para sobrevivir deben reajustarse constantemente a las condiciones del medio que los rodea. Por lo tanto, los sistemas abiertos no pueden vivir aislados. Volviendo al ejemplo de la fábrica de chocolates, el sistema necesariamente tendrá que hacer intercambios con su entorno: las empresas que venden insumos, los clientes que compran productos, etcétera. Y deberá continuamente adaptarse al medio, por ejemplo, a los cambios en los gustos de la gente respecto al sabor o a la presentación del producto.

Los seres vivos son los sistemas abiertos por excelencia, ya que intercambian continuamente materia y energía con el medio que los rodea. Los organismos vivientes necesitan alimentarse para obtener materia con la cual regenerar los tejidos y crecer, y energía para moverse, respirar, cazar, etcétera. Pero no todos los seres vivos se alimentan de lo mismo ni obtienen la energía de la misma forma.

Los organismos *autótrofos* son productores; es decir, capaces de fabricar su propia materia orgánica. Algunos de ellos como las plantas verdes pueden absorber la energía de la luz solar y transformarla en energía química a través de la fotosíntesis, por eso se los llama *fotosintéticos*, mientras que otros, como algunas bacterias, obtienen la energía a partir de reacciones químicas, y por ello se las conoce como *quimiosintéticos*.

Los organismos *heterótrofos* son aquellos que se nutren de otros seres vivos. Prácticamente todos los animales se incluyen en esta categoría, ya que se alimentan de compuestos orgánicos ya sintetizados por las plantas u otros animales y los utilizan para su propio crecimiento y manutención. Entre los heterótrofos hay algunos que tienen un papel especial, llamados *descomponedores*, que se alimentan de la materia orgánica muerta, transformándola nuevamente en compuestos inorgánicos.

Flujo de materia y energía entre los seres vivos y el ambiente

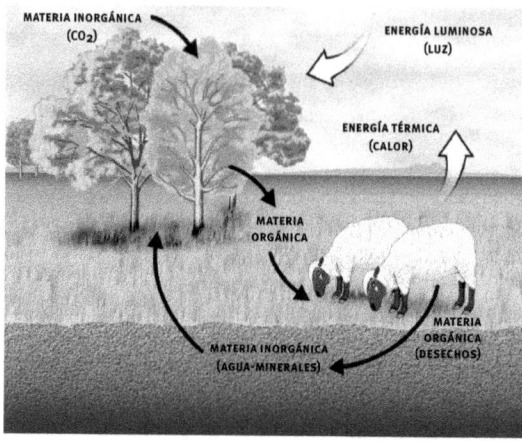

La energía solar (luz) es utilizada por los organismos fotosintéticos (autótrofos) para fabricar materia orgánica a partir de materia inorgánica. Esta es consumida por organismos heterótrofos que la transforman en materia y energía química necesarias para sus procesos vitales. La materia orgánica de desecho es descompuesta y se transforma nuevamente en materia inorgánica, mientras que la energía sobrante se despide como calor al ambiente.

Ciencia al día

¿Cómo eran los primeros organismos vivientes?

Se estima que la vida comenzó durante la era precámbrica, ya que los organismos fósiles más antiguos encontrados hasta la fecha se encuentran en rocas precámbricas de 3500 millones de años de antigüedad. Las primeras células eran bacterias procarióticas, es decir, su material genético no estaba separado del resto de la célula, encerrado en un núcleo envuelto en una membrana. Estas células obtenían nutrientes y energía, probablemente, absorbiendo moléculas orgánicas de su entorno, por lo que eran heterótrofas. No había oxígeno libre en la atmósfera, de modo que las células tenían que metabolizar las moléculas orgánicas de forma anaeróbica (sin oxígeno). Con el tiempo, algunas células adquirieron la facultad de utilizar la energía solar para llevar a cabo la síntesis de moléculas complejas de alta energía a partir de moléculas más simples, en otras palabras, la fotosíntesis hizo su aparición. Estas primeras bacterias autótrofas, utilizaban el hidrógeno del agua y el dióxido de carbono del aire para formar azúcares y liberaban oxígeno como producto colateral. Así, la atmósfera comenzó a enriquecerse con este gas hasta alcanzar un nivel estable hace aproximadamente 1500 millones de años. Las bacterias autótrofas y heterótrofas fueron los únicos habitantes de la tierra hasta cerca de 2000 millones de años atrás.

Actividades

- Ejemplifiquen un sistema abierto y mencionen de qué manera se relaciona con su entorno.
- Esquematicen una cadena alimentaria real en la que al menos estén representados tres niveles, comenzando con el organismo autótrofo.

La nutrición de las plantas

En el ecosistema, las plantas y otros organismos autótrofos son claves para la transformación de los compuestos inorgánicos en compuestos orgánicos. Sin embargo, autótrofo no quiere decir autónomo. Las plantas necesitan luz como fuente de energía, agua, dióxido de carbono y minerales como materia prima para la síntesis de sustancias orgánicas mediante la fotosíntesis.

De agua y nutrientes

La raíz, además de fijar el vegetal al suelo, absorbe el agua y las sales. Los atributos morfológicos y fisiológicos de las raíces, expresados por su alta relación superficie/volumen y la plasticidad en su estructura, determinan su éxito ecológico en la búsqueda de agua y nutrientes en una ambiente hostil y competitivo como el suelo, donde el abastecimiento de los recursos es limitado, local y variable. El agua y las sales minerales forman la "savia bruta", la que se absorbe por dos maneras:

Vía apoplástica: las sales minerales absorbidas por los pelos pasan a través de los espacios intercelulares del parénquima hasta la endodermis que es una capa que selecciona aquellas sustancias que pasarán a los vasos conductores (xilema).

Vía simplástica: las sales y el agua deben traspasar la membrana plasmática mediante transporte activo (sales) u ósmosis (agua) y atravesar el citoplasma de las células del parénquima a la endodermis y posteriormente a los vasos de conducción.

En el apoplasto, el movimiento de las sustancias no está regulado. En el simplasto, el movimiento es controlado por la permeabilidad selectiva de la membrana celular.

En las células de la raíz, una estructura impermeable llamada *banda de Caspari*, interrumpe el apoplasto, por lo que las sustancias que se mueven por esta vía, deben continuar su camino por el simplasto.

La fuerza necesaria para que el agua y los nutrientes disueltos en ella puedan ascender por el xilema es la transpiración, es decir, la evaporación del agua que ocurre principalmente a través de los estomas de las hojas. Este proceso se ve favorecido por la fuerte cohesión que existe entre las moléculas de agua y la presión radicular debida a la entrada continua de este líquido a la raíz por ósmosis.

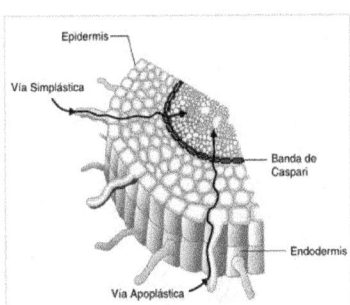

Las raíces ven favorecido su funcionamiento gracias a la asociación simbiótica con microorganismos como los hongos micorríticos y las bacterias del género *Rhizobium* que facilitan la captación de nutrientes esenciales como el nitrógeno y el fósforo.

Translocación y excreción

Una vez que han llegado a la hoja el agua y las sustancias inorgánicas, se absorbe por los estomas de las propias hojas el dióxido de carbono, que junto con la energía del sol y en presencia de clorofila, transforman dentro de los cloroplastos la savia bruta en savia elaborada. Esta savia elaborada, rica en azúcares, es distribuida al resto del vegetal por otro tipo vasos denominados *floema*. Una vez que el vegetal ha adquirido la materia orgánica por fotosíntesis, la utiliza para generar energía, crecer, dar flores y frutos, reponer partes de la planta y relacionarse con el medio. Esa energía la toman del uso que hacen de los azúcares y demás compuestos elaborados en la fotosíntesis. La materia orgánica entra en las mitocondrias de las células y en presencia de oxígeno se realiza la respiración celular. De esta forma, la materia orgánica es transformada en dióxido de carbono, agua y energía en forma de ATP (trifosfato de adenosina).

Los vegetales carecen de estructuras especializadas para la excreción de desechos. El dióxido de carbono producido por respiración celular se elimina al exterior a través de los estomas de las hojas, aunque una parte de ese gas puede ser reutilizado para la fotosíntesis. Las sustancias nitrogenadas de desecho se emplean para la síntesis de nuevas proteínas. Algunos desechos son almacenados dentro de las células de la propia planta en organelas llamados *vacuolas*.

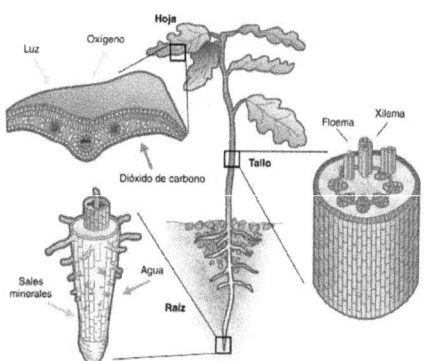

Elementos esenciales

Aunque se han identificado más de 50 elementos químicos entre las sustancias inorgánicas de las plantas, solo algunos son esenciales para que la planta complete su ciclo de vida y produzca una nueva generación. Los denominados *macronutrientes*, que las plantas necesitan en cantidades relativamente grandes, son los principales componentes de los compuestos orgánicos que forman la estructura de una planta: carbono, oxígeno, hidrógeno, nitrógeno, fósforo, azufre, potasio, calcio y magnesio. Los que se conocen como *micronutrientes*, porque se necesitan en cantidades muy pequeñas, son cloro, hierro, manganeso, boro, cinc, cobre, níquel y molibdeno.

Actividades

- Existen algunas plantas que poseen adaptaciones nutricionales que les permiten utilizar otros organismos, estas son: plantas epífitas, plantas parásitas y plantas carnívoras. Realicen una investigación y ejemplifiquen estos tres tipos de adaptaciones.
- Los científicos utilizan los cultivos hidropónicos para determinar los síntomas que provoca la deficiencia de nutrientes. Averigüen en qué consiste esta técnica. ¿Cómo diseñarían un experimento para averiguar si un elemento es esencial?

La nutrición de los animales

Ya hemos visto que la nutrición es el conjunto de procesos por medio de los cuales los seres vivos obtienen energía y se aportan nutrientes para crear o regenerar la materia de un organismo y que, además, los animales solo pueden obtener energía a partir de la transformación de los alimentos y del oxígeno que toman del aire porque son heterótrofos. Para alimentarse, los animales pican, mastican, muerden, exprimen, roen, ramonean, desmenuzan, raspan, filtran, engloban, succionan y absorben una increíble variedad de alimentos. Lo que un animal come y la forma como lo hace, afectan considerablemente a sus adaptaciones alimentarias, su comportamiento, su fisiología y su anatomía interna y externa.

Las eternas relaciones evolutivas entre los depredadores y las presas han conseguido un equilibrio entre las adaptaciones para comer y las adaptaciones para evitar ser comidos. Sea cual sea el sistema para conseguir comida, existe mucha menos variación en los procesos digestivos subsiguientes. Tanto los vertebrados como los invertebrados poseen enzimas digestivas similares y los procesos bioquímicos para la utilización de los nutrientes y su transformación en energía son aún mucho más semejantes.

Las funciones básicas de la nutrición

Mientras que los organismos unicelulares toman del medio externo las sustancias que necesitan, en los seres pluricelulares existen células que se especializan en tejidos, estos se asocian en órganos y los órganos a su vez en *sistemas* que realizan funciones específicas dentro del organismo y que se interrelacionan de manera coordinada para cumplir con la función de nutrición.

En el *sistema digestivo*, los alimentos son degradados hasta que se obtienen moléculas más simples y solubles –las *nutrientes*–, que pueden ser absorbidas dentro del *sistema circulatorio* y, por esta vía, pueden transportarse a las células del cuerpo. El oxígeno tomado por el *sistema respiratorio*, también es transportado por la sangre hasta los tejidos, donde los productos de los alimentos son oxidados o "quemados" para obtener energía y calor. Por último, los productos de la comida que no son útiles para el organismo son eliminados con las heces, mientras que el *sistema excretor* se encarga de eliminar los desechos producidos por el metabolismo celular en forma de orina.

Actividades

- Completen el siguiente esquema de la función de nutrición con el nombre de los sistemas que correspondan.
- Según el esquema, ¿qué sistema es el encargado de relacionar a los demás?

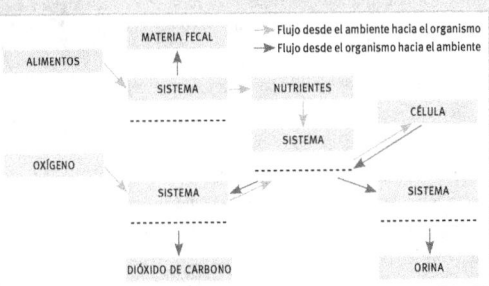

El sistema digestivo

Es el encargado de la captación de nutrientes de los alimentos. Para ello, debe transformar los alimentos que ingresan al organismo por medio de la *ingestión* en sustancias más sencillas a través de la *digestión*, para que pueden pasar a la sangre por *absorción* y ser distribuidas a todas las células del organismo, desechando todo aquello que no ha sido utilizado (*egestión* o *eliminación*).

Estrategias alimentarias relacionadas con la ingestión

Pocos animales, como algunos protozoos parásitos del intestino, pueden extraer los nutrientes directamente del medio en que viven. Para que esto suceda, los nutrientes que sirven de alimento a estos animales tienen que haber sido digeridos previamente por los organismos que los hospedan. Sin embargo, la mayoría de los animales deben realizar cierto esfuerzo para conseguir sus alimentos y en este sentido, la selección natural ha actuado y ha dado prioridad a las adaptaciones que han permitido explotar nuevas fuentes de alimento y a los nuevos medios para su captura e ingestión.

En general, todos los animales pueden incluirse en alguna de las tres categorías de alimentación: los herbívoros, como los gorilas, las vacas, las liebres, los caracoles y varios insectos, se alimentan de autótrofos (plantas y algas). Los carnívoros, como los tiburones, los halcones, los tigres, las arañas y las serpientes, se alimentan de otros animales. Y los omnívoros consumen tanto animales como productos de origen vegetal. Algunos ejemplos de omnívoros son las cucarachas, los cuervos, los osos, los mapaches y los seres humanos.

Los términos *herbívoro*, *carnívoro* y *omnívoro* representan los tipos de alimentos que generalmente consumen los animales, pero no la forma en que lo hacen. Los principales mecanismos o estrategias de alimentación de los animales son las siguientes:

Alimentación a base de partículas:
En las capas superficiales del océano hay una multitud de partículas en suspensión formada por organismos de tamaño muy pequeño, llamada plancton. El plancton es ingerido por muchos animales, tanto vertebrados como invertebrados, a los que se los conoce como suspensívoros. Algunos *suspensívoros* como los moluscos bivalvos (almejas, mejillones) y los camarones, utilizan superficies ciliadas para producir corrientes de agua que dirijan las partículas alimenticias hasta su boca, mientras que otros poseen estructuras filtrantes en las que quedan retenidas las partículas suspendidas en el agua a medida que las atraviesan. En este último

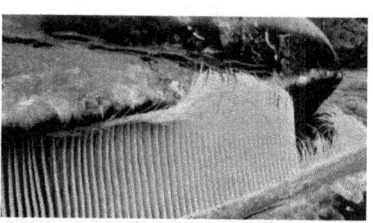

Las ballenas utilizan unas placas similares a un peine denominadas barbas unidas a su mandíbula superior para tamizar invertebrados y peces pequeños. El agua entra en la boca mientras nada y se filtra a través de las más de 300 barbas. Los organismos quedan retenidos y son periódicamente recogidos por la lengua y tragados.

caso, los ejemplos son muy numerosos: algunos crustáceos, peces tales como arenques, sábalos y algunos tiburones, aves como el flamenco y el mayor de todos los animales, la ballena.

Alimentación a base de sólidos:

Algunas de las adaptaciones más interesantes de los animales son las que han desarrollado para obtener y manejar los alimentos sólidos: tentáculos, tenazas, garras, colmillos, mandíbulas y dientes que matan a su presa o desgarran trozos de carne o vegetación. Estos animales son llamados *macrófagos*, y sus adaptaciones tienen un diseño que se debe principalmente a la naturaleza de los alimentos que come el animal.

Los animales carnívoros son en general depredadores, que deben localizar, capturar, sujetar y engullir a sus presas. Algunos simplemente capturan a sus presas y se las devoran enteras. Este es el caso de algunos peces, anfibios y reptiles, que utilizan sus dientes principalmente para sujetar a la presa y evitar que se escape antes de ser tragada completa. Otros animales requieren que los alimentos sean parcialmente triturados antes de ser ingeridos.

Muchos invertebrados son capaces de reducir el tamaño de los alimentos con estructuras trituradoras. Los insectos, por ejemplo, tienen tres pares de apéndices cefálicos que muchas veces, como en las vaquitas de San Antonio y los aguaciles, están adaptados para sujetar, triturar y acomodar el alimento en la cavidad oral.

Sin embargo, la verdadera masticación solo se da entre los mamíferos. Estos poseen normalmente cuatro tipos de dientes diferentes: los incisivos para morder, cortar y roer; los caninos para capturar, perforar y desgarrar; y los premolares y molares para triturar y moler. Este patrón a menudo está muy modificado en algunos animales que poseen hábitos alimentarios especializados. Los incisivos de los roedores, muy desarrollados y autoafilables, van desgastándose constantemente para compensar su continuo crecimiento. Los herbívoros por su parte, han perdido los caninos, pero presentan unos molares muy desarrollados con crestas de esmalte para destruir la pared celular vegetal, de resistente celulosa, y acelerar la digestión que realizan los microorganismos intestinales.

Las serpientes no pueden masticar sus alimentos y deben deglutirlos por completo, aunque la presa sea más grande que el diámetro del reptil. Después de tragarla, puede permanecer muchos días digiriéndola.

Cuando roer es un problema

Las ardillas de panza roja son una especie originaria del Sudeste de Asia que fue introducida intencionalmente en la Argentina en la década del setenta. Sin lugar a dudas, aquellas personas que trajeron los primeros ejemplares de esta especie a la localidad bonaerense de Jáuregui nunca se imaginaron los estragos que produciría esta "invasión biológica". Estos roedores no solo se alimentan de frutas y verduras de productores de la zona, sino que además en su necesidad de gastar sus dientes incisivos muerden distintos elementos como cables de luz, de televisión y mangueras de riego, generando pérdidas económicas.

Alimentación a base de líquidos:

Este tipo de alimentación es especialmente característica de los parásitos, por lo que son denominados *fluidófagos*. Algunos de ellos simplemente absorben los nutrientes que los rodean, mientras que otros desagarran los tejidos, chupan la sangre o se alimentan del contenido del hospedador. Los parásitos externos como las sanguijuelas y algunos insectos, utilizan distintas y eficaces piezas bucales de tipo perforador y chupador para alimentarse de sangre de animales o de savia de las plantas. Muchos de ellos como la vinchuca y los mosquitos actúan como vectores de enfermedades en humanos y animales.

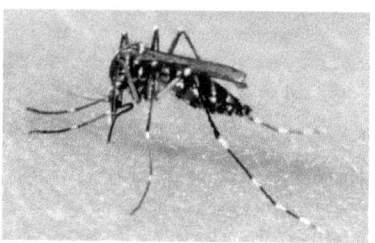

Los insectos chupadores como los mosquitos succionan líquidos ricos en nutrientes de un organismo vivo. Este mosquito ha perforado la piel con sus estiletes, que son como agujas huecas que utiliza para chupar la sangre y llevarla a su tracto digestivo.

Actividades

- Observen las siguientes fotografías y clasifiquen a los animales según de qué se alimentan y cómo ingieren los alimentos.

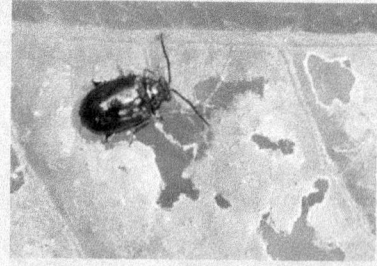

- Relacionen las categorías: carnívoro, herbívoro y omnívoro con los mecanismos de alimentación (suspensívoros, macrófagos y fluidófagos). Ejemplifiquen si es posible cada combinación.

La digestión

¿Qué nutrientes deben estar presentes en la dieta de un animal?

Además de proporcionarle el combustible para la producción de ATP (trifosfato de adenosina), la dieta de un animal también debe suministrar toda la materia prima requerida para la síntesis de las moléculas complejas necesarias para su crecimiento, mantenimiento y reproducción. Esta materia prima la constituyen los nutrientes, que son sustancias extraídas por los animales de los alimentos que ingieren. Las cinco categorías principales de nutrientes que deben satisfacer las necesidades básicas del cuerpo son: lípidos, carbohidratos, proteínas, minerales y vitaminas.

Los lípidos, proteínas y carbohidratos proporcionan energía para impulsar el metabolismo y las actividades celulares, y la construcción de moléculas complejas específicas para cada animal. Los minerales y vitaminas participan mediando diversas reacciones metabólicas. Existen además algunos nutrientes denominados *esenciales* debido a que el animal no los puede sintetizar a partir de materia prima y son indispensables para su vida. Los nutrientes esenciales varían según las especies, por ejemplo, el ácido ascórbico o vitamina C es un nutriente esencial para los primates, pero no para la mayoría del resto de los animales.

Un animal que carece de uno o más nutrientes esenciales se denomina *desnutrido*. Por ejemplo, el ganado vacuno y otros animales herbívoros pueden experimentar deficiencias nutricionales si se alimentan de plantas que carecen de los minerales fundamentales.

Digestión mecánica y química

La ingestión, es decir, el acto de comer, solo es la primera parte en el procesamiento de los alimentos. Como ya vimos, el material alimentario consta principalmente de proteínas, grasas e hidratos de carbono. Los animales no pueden utilizar estas macromoléculas directamente por dos razones. En primer lugar, son demasiado grandes como para atravesar las membranas y penetrar en las células, y en segundo término, las macromoléculas que componen al animal, no siempre son iguales a las de su alimento.

La digestión comprende el proceso de descomposición de los alimentos en moléculas lo suficientemente pequeñas como para que el organismo las absorba y las pueda posteriormente utilizar para elaborar sus propias moléculas, o como combustible para la producción de ATP. Los hidratos de carbono se dividen en azúcares simples, las grasas se digieren formando glicerol y ácidos grasos, y las proteínas se dividen en aminoácidos.

La digestión constituye un doble proceso, químico y mecánico. La digestión química es llevada a cabo por una variedad de enzimas que catalizan la degradación de cada tipo de macromoléculas presentes en los alimentos y generalmente va precedida por la fragmentación mecánica del alimento, por ejemplo, mediante la masticación.

El proceso de hidrólisis

La desintegración de la comida en trozos aumenta la superficie expuesta a los jugos digestivos que contienen las *enzimas hidrolíticas*, así denominadas porque las moléculas de alimento se fragmentan en un proceso de hidrólisis, es decir, la ruptura de los enlaces químicos por interposición de una molécula de agua:

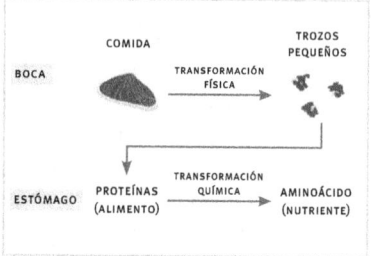

$$R - R + H_2O \xrightarrow{\text{enzimas}} R - OH + H - R$$

En esta ecuación enzimática general, R - R representa una molécula grande de alimento que ha sido dividida en dos productos (hidrólisis) que comúnmente deben fragmentarse repetidamente hasta que la molécula original queda reducida a numerosas subunidades.

Luego de la digestión, las células del animal absorben estas moléculas pequeñas del compartimiento digestivo y eliminan el material no digerido en forma de excrementos.

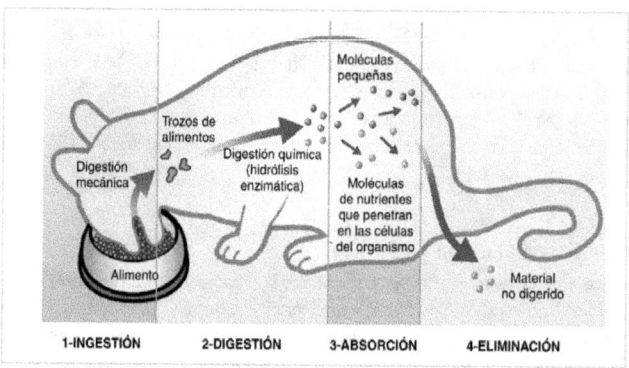

Las cuatro etapas del procesamiento de los alimentos.

Actividades

- Respondan las siguientes preguntas:
  a. ¿Un individuo sobrealimentado puede estar desnutrido? Justifiquen la respuesta.
  b. ¿Cuáles son las funciones de la digestión mecánica y de la digestión química?
  c. ¿Cuál es la función de las enzimas hidrolíticas?
- En función de lo leído, clasifiquen los siguientes pares de elementos según sean el alimento o el nutriente:
  a. Calcio-Yogur
  b. Carne-Hierro
  c. Pan-Hidratos de carbono
  d. Vitamina C-Naranja

Adaptación de los sistemas digestivos

Los sistemas digestivos están adaptados al estilo de vida de cada animal.

Desde una perspectiva muy simplista, los animales son máquinas que convierten alimentos en más animales. La selección natural ha favorecido las adaptaciones que realizan esta conversión de la manera más eficaz. Este impulso evolutivo ha dado origen a una gama de comportamientos animales y sistemas digestivos que aprovechan todas las fuentes de alimentos concebibles.

La digestión intracelular

Los poríferos como las esponjas, son alimentadores sedentarios sin un sistema digestivo especializado. La digestión se realiza *dentro* de células individuales. Tal digestión intracelular se efectúa después de que una célula ha rodeado partículas microscópicas de alimento, lo que se denomina *fagocitocis*. Una vez rodeado por la célula, el alimento se introduce en una vacuola alimentaria que consiste en un espacio rodeado por una membrana que actúa como estómago temporal. La vacuola se fusiona con pequeños paquetes de enzimas digestivas llamadas lisosomas, y el alimento se desdobla dentro de la vacuola para producir moléculas más pequeñas que el citoplasma celular puede absorber. Los residuos no digeridos permanecen en la vacuola, que finalmente expulsa su contenido al exterior de la célula. Este proceso limita su menú a partículas microscópicas, como protistas que se filtran del agua de mar circundante mediante células en collar.

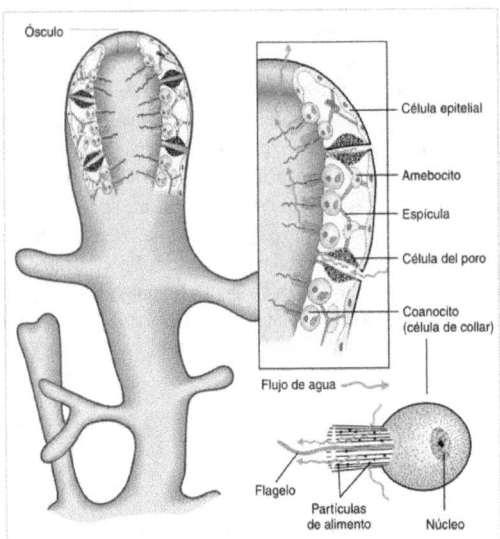

Digestión intracelular en una esponja. El agua entra por los poros y luego las células del collar filtran del agua las partículas de alimento y las digieren. El agua filtrada sale luego por el ósculo.

La digestión extracelular

Los organismos más grandes y complejos desarrollaron una cámara dentro de su cuerpo donde trozos de comida se pueden desdoblar por acción de enzimas que actúan fuera de las células. Este tipo de digestión extracelular se produce en compartimentos que se continúan con el exterior del organismo animal.

Una bolsa con una abertura forma el sistema digestivo más sencillo:

Muchos animales con estructuras corporales simples tienen un saco digestivo con una sola abertura. Este saco, denominado cavidad gastrovascular, cumple las funciones de digestión y distribución de nutrientes en el organismo. Los celentéreos (cnidarios) como las anémonas de mar, las hidras o pólipos y las medusas, son carnívoros que pinchan a las presas con orgánulos especializados denominados nematocistos y luego utilizan tentáculos para empujar el alimento por su boca hacia la cavidad gastrovascular. Células glandulares de la cavidad segregan enzimas digestivas que descomponen los tejidos blandos de la presa. Otras células musculares o nutritivas rodean estas partículas y gran parte de la hidrólisis real de las macromoléculas se produce intracelularmente como en las esponjas. Los materiales sin digerir, como los exoesqueletos de los crustáceos pequeños, se eliminan a través de la única apertura, que desempeña el doble papel de boca y ano. Mientras se está digiriendo un alimento, no es posible procesar otro, pues se utiliza la misma y única cámara.

Digestión en un tubo unidireccional:

La mayoría de los animales tienen un tubo digestivo que se extiende entre dos orificios, la boca y el ano. Este tubo se denomina tracto digestivo completo o canal alimentario. Debido a que el alimento recorre el canal en una sola dirección, el tubo puede organizarse en regiones que procesan los alimentos en orden: primero los trituran físicamente, luego los desdoblan enzimáticamente y después absorben las pequeñas moléculas de nutrientes. Otra ventaja, es que los animales pueden comer con más frecuencia e incluso ingerir nuevos alimentos antes de que las primeras comidas sean completamente digeridas. Por lo tanto, este sistema digestivo ha permitido que diferentes tipos de animales se adapten para ingerir una amplia gama de alimentos y extraer de ellos el máximo de nutrientes.

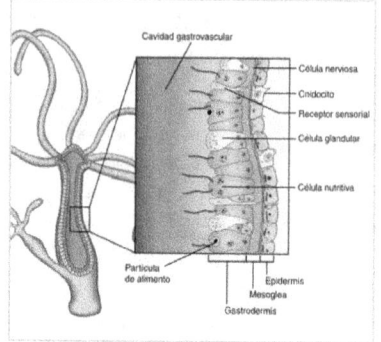

La epidermis externa de la hidra tiene funciones protectoras y sensitivas, mientras que la gastrodermis interna está especializada para la digestión. Dentro de la cavidad gastrovascular, células glandulares secretan enzimas que digieren la presa. Posteriormente, células nutritivas ingieren las partículas y las someten a digestión intracelular.

- ¿Qué ventajas otorga la digestión extracelular?
- ¿Cuáles son las diferencias entre la cavidad gastrovascular y el canal alimentario?

El sistema digestivo de los insectos

En los insectos, la forma general del conducto alimentario es un tubo de largo variable que se divide en tres regiones básicas: el intestino anterior o *estomodeo*, formado por la boca, faringe, esófago y buche; el medio o *mesenterio*; y el posterior o *proctodeo*. El insecto introduce el alimento en la cavidad bucal donde es cortado y desmenuzado por las piezas bucales y mezclado con la saliva producida por las glándulas salivales. En el caso particular de los insectos que poseen aparato bucal picador, la saliva es vertida en el alimento líquido y la mezcla es aspirada por la faringe que actúa como una bomba aspirante. A partir de allí el alimento se mueve a través del tubo digestivo por ondas peristálticas hacia el esófago donde puede sufrir una digestión parcial o ser almacenado en el buche en aquellos insectos que lo poseen. La mezcla constituida por el alimento y la saliva pasa del estomodeo al mesenterio, donde se produce la digestión del alimento mediante enzimas producidas por las células del epitelio. En los insectos en general, el mesenterio produce enzimas capaces de atacar hidratos de carbono, grasas y proteínas del mismo tipo que la de los mamíferos. Los productos de la digestión se absorben a través de las paredes del mesenterio. Finalmente, en el proctodeo no se realiza la absorción de nutrientes, pero sí se puede reabsorber agua mediante mecanismos especializados. La parte terminal del proctodeo, que forma el recto, es muy musculosa para poder comprimir los residuos del alimento luego de la digestión y formar los excrementos antes de la defecación a través del ano.

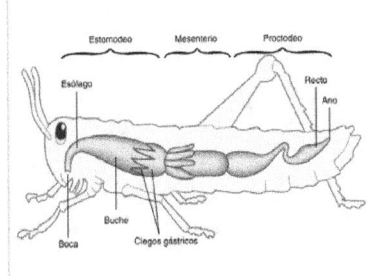

Sistema digestivo de un insecto.

Ciencia al día

Un ejemplo de mutualismo en la alimentación de los insectos

En algunos insectos que se alimentan succionando la savia de las plantas como los pulgones, el intestino medio y el posterior se unen formando lo que se conoce como cámara de filtro. Esta adaptación permite que el líquido que absorben en exceso pase directamente al intestino posterior, sin atravesar el intestino medio. Este exceso de líquido sale por el ano en forma de pequeñas gotas azucaradas o melaza. Esta sustancia resulta un alimento fundamental para muchas especies de hormigas, que para proteger su fuente de alimento, atacan a los depredadores de los pulgones. Este es un ejemplo de mutualismo, interacción biológica entre individuos de diferentes especies de la que ambos salen beneficiados.

Actividades

• Investiguen qué funciones puede tener la saliva de los insectos.
• Busquen otro ejemplo de mutualismo que exista en la naturaleza.

El sistema digestivo de las aves

El sistema digestivo de las aves comienza con una cavidad bucal representada por un pico con una lengua puntiaguda en su interior, glándulas salivales y ausencia de piezas dentales. El pico se continúa con la faringe y luego con el esófago, que se ensancha en la parte anterior dando lugar al buche utilizado para almacenar alimento y favorecer su ablandamiento. En algunas especies el buche elabora sustancias nutritivas para alimentar a las crías. Luego continúa el estómago, que se divide en dos partes: una anterior, el *proventrículo* que segrega jugo gástrico y una parte posterior, la *molleja*. A pesar de no tener dientes, algunas aves comen semillas, invertebrados con duras caparazones o mamíferos con huesos. En estos casos, suelen tener una molleja grande y musculosa en la que tales alimentos resistentes se trituran con la ayuda de piedritas, antes de pasar a los intestinos, donde se produce la absorción. El intestino desemboca en dos ciegos alargados, y luego se continúa con el recto que desemboca en la cloaca por donde se eliminan los excrementos y la orina.

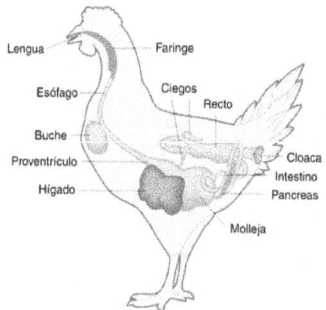

El sistema digestivo de los peces

El sistema digestivo de los peces, está formado por un largo tubo que se inicia en la boca y se continúa con la faringe, el esófago, el estómago –que en muchos casos no está diferenciado– y los intestinos. La sección terminal del intestino normalmente está ensanchada en un recto, que puede terminar en una cloaca como en los tiburones o directamente desembocar en la abertura anal. Como no tienen glándulas salivales, estas se reemplazan por estructuras secretoras de moco. Una derivación del esófago forma la vejiga natatoria, órgano hidrostático de muchos peces que ayuda a mantener el equilibrio.

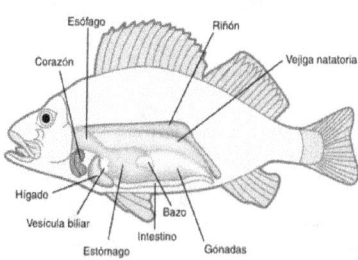

El sistema digestivo de los mamíferos

El sistema digestivo de los mamíferos comienza en la cavidad bucal que contiene órganos accesorios como la lengua y los dientes. La lengua colabora en acomodar los alimentos y mezclarlos con saliva durante la masticación, es decir, la *insalivación*, con lo cual forman el bolo alimenticio. Los dientes actúan en la digestión mecánica, ya que se utilizan para cortar, desgarrar, triturar y moler los alimentos. La saliva contiene una enzima llamada *ptialina* que actúa sobre los hidratos de carbono, poniendo en marcha la digestión química y además lubrica la boca y humedece el alimento. Una vez que el bocado es deglutido, pasa hacia la faringe (garganta). En los animales superiores, por este órgano pasan los alimentos y el aire que va desde y hacia los pulmones, por lo que es un órgano común al sistema digestivo y respiratorio. Luego, el tubo alimentario se continúa con el esófago que es un conducto que nace en la faringe y conduce el bolo alimenticio hacia el estómago. En los mamíferos, el estómago es el lugar donde se inicia la digestión de las proteínas, gracias a la acción del ácido clorhídrico y de las enzimas provenientes del jugo gástrico. Dicha digestión continúa en el intestino delgado donde se producen además la digestión de las grasas y de los hidratos de carbono, por acción de enzimas del jugo pancreático, del jugo intestinal y de la bilis segregada por el hígado. En el intestino delgado se produce la absorción de la mayor cantidad de nutrientes a través de las vellosidades intestinales. Esos nutrientes pasan a los capilares sanguíneos y linfáticos y se dirigen al hígado, para luego distribuirse a todas las células del organismo. Finalmente en el intestino grueso se concentran y almacenan los desechos sólidos formando el quimo y se transforman en materia fecal. Además, células presentes en el intestino grueso reabsorben del quimo agua, sales minerales y algunas vitaminas. La última porción del sistema digestivo, el recto, almacena la materia fecal para luego ser expulsada por la abertura anal.

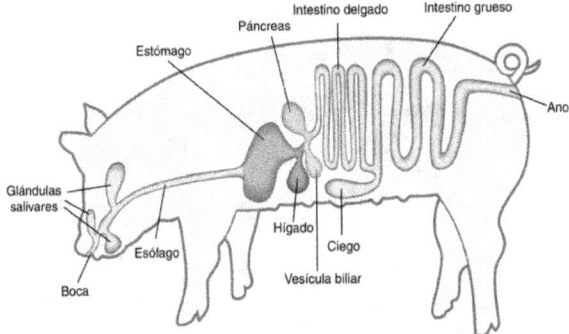

Actividades

- ¿Cuáles son las funciones de las distintas glándulas que participan en el aparato digestivo?
- Investiguen cómo pueden participar los animales que se alimentan de frutos en la dispersión de semillas. Ejemplifiquen.

Adaptaciones asociadas a la dieta animal

Aunque el sistema digestivo de la mayoría de los mamíferos sigue este patrón general, existen muchas adaptaciones sorprendentes asociadas a la dieta del animal.

Adaptaciones dentarias:

La adaptación evolutiva de los dientes para el procesamiento de diferentes tipos de alimentos es una de las principales razones por la que los mamíferos han tenido tanto éxito. Los carnívoros, como los miembros de las familias de perros y gatos, presentan incisivos y caninos puntiagudos que pueden utilizarse para matar a la presa y rasgar o cortar las piezas de carne. Los premolares y los molares con puntas, desgarran y trituran los alimentos. Por el contrario, los herbívoros, como los caballos y los ciervos, generalmente tienen dientes con superficies rugosas y amplias que muelen el material vegetal duro. Los incisivos y los caninos están modificados para arrancar trozos de vegetación. En otros herbívoros, los caninos están ausentes. Por último, los omnívoros, como los seres humanos, tienen una dentición relativamente poco especializada. En la mandíbula superior e inferior se encuentran dos incisivos para morder, un canino puntiagudo para desgarrar y dos premolares y tres molares para triturar.

Adaptaciones gástricas e intestinales:

En los carnívoros son comunes los estómagos expandibles cuando el período entre comidas es prolongado y por lo tanto deben comer lo más que puedan cuando atrapan una presa. Por ejemplo, el león africano puede consumir 40 kg de carne en una comida.

En general, la longitud del tracto digestivo es mayor en herbívoros que en carnívoros, debido a que la digestión de los vegetales es más difícil. El tracto más largo proporciona más tiempo de digestión y mayor área de superficie para la absorción de nutrientes.

Los omnívoros, como los osos, muestran características anatómicas que facilitan comer carnes y vegetales. Como los carnívoros, poseen el intestino corto y el colon simple y liso y conservan los incisivos, los colmillos grandes y los premolares. Mientras que al igual que los herbívoros, las muelas se han ajustado con las cúspides redondeadas para machacar y moler los fibrosos tejidos vegetales.

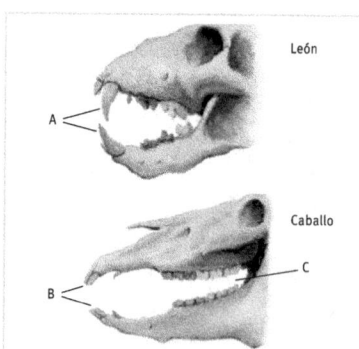

Los caninos de los carnívoros (A) les permiten desgarrar la carne. En los herbívoros los incisivos desarrollados (B) cortan los vegetales, y los molares y premolares (C), con superficies amplias y planas facilitan la trituración.

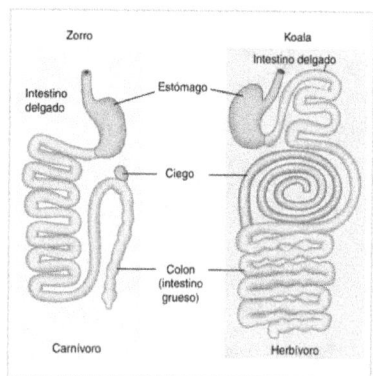

Si bien estos dos mamíferos tienen un tamaño similar, el intestino del koala es mucho más largo. Esta adaptación le permite procesar las hojas de eucalipto fibrosas y pobres en proteínas de las que obtiene su agua y alimento.

Adaptaciones simbióticas:

Los animales herbívoros se enfrentan a un desafío nutricional ya que las células vegetales están rodeadas de celulosa, molécula que consiste en largas cadenas de glucosa unidas de forma tal que resisten el ataque de las enzimas digestivas de los animales. Algunos invertebrados como las termitas que consumen madera, solucionan este problema albergando grandes poblaciones de bacterias y protistas simbióticos en cámaras de fermentación en sus canales alimentarios, ya que estos microorganismos tienen enzimas que sí pueden desdoblar la celulosa en azúcares simples que el animal puede absorber. Del mismo modo, muchos mamíferos herbívoros como el caballo y el koala, albergan microorganismos simbióticos en un saco grande, el ciego, ubicado entre el intestino delgado y el grueso. Sin embargo, las adaptaciones más elaboradas para la dieta de un herbívoro evolucionaron en los animales denominados rumiantes, que incluyen a los ciervos, las vacas y las ovejas, entre otros. El estómago de los rumiantes consta de varias cámaras. Las dos primeras, el rumen y el retículo, han evolucionado hasta convertirse en grandes cubas de fermentación donde se alojan bacterias y protistas ciliados simbióticos. Estos microorganismos producen celulasa, la enzima que desdobla la celulosa en sus azúcares componentes. Una vez que se procesa en el rumen, el material vegetal, ahora llamado bolo alimenticio, se regurgita, se mastica y se vuelve a tragar. Esta trituración mecánica adicional llamada rumia, expone una mayor proporción de la celulosa a las enzimas de los microorganismos. Gradualmente el bolo pasa a las demás cámaras del estómago (omaso y abomaso) para continuar su desdoblamiento antes de llegar al intestino.

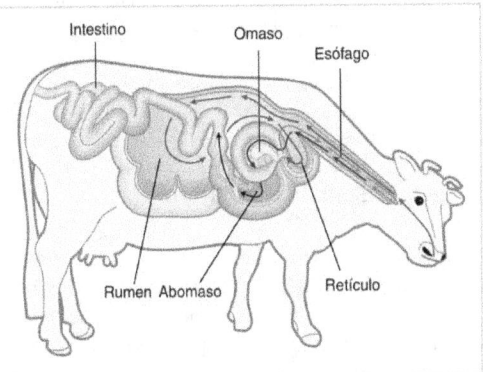

Digestión de un rumiante. En primer lugar el alimento ingerido pasa al rumen y al retículo, donde los procariontes y protistas simbióticos actúan sobre la comida rica en celulosa (flecha verde). La vaca regurgita y remastica el contenido ruminal para degradar aún más las fibras (flecha fucsia). Finalmente el material remasticado se desplaza hacia el omaso, donde se extrae el agua (flecha azul), y al abomaso para ser digerido por las enzimas de la vaca (flecha negra).

Actividades

- Discutan la expresión: "Si solo pudiéramos conseguir pasto para comer, pronto moriríamos de hambre".
- ¿Qué significa que dos organismos tienen una relación simbiótica?

La necesidad de un medio de transporte de nutrientes, gases y desechos

Hace miles de millones de años, las primeras células evolucionaron en el mar y este se encargaba de nutrirlas. El agua aportaba los nutrientes que se difundían al interior de las células y se llevaba sus desechos también por difusión. En la actualidad, los microorganismos y algunos animales multicelulares simples, como las esponjas, siguen dependiendo exclusivamente de la difusión para intercambiar nutrientes y desechos con el medio ambiente. Estas últimas circulan el agua de mar a través de los poros de su cuerpo para acercar el entorno a cada célula. A medida que evolucionaron animales más grandes y complejos, sus células individuales fueron quedando cada vez más lejos del mundo exterior. Sin embargo, las exigencias celulares requieren que las distancias de difusión sean cortas para que lleguen suficientes nutrientes a las células y que a su vez no se envenenen con sus desechos. Con la evolución, se creó una especie de "mar interno" que acerca un líquido, la sangre, rico en alimento y oxígeno, a cada célula y se lleva los desechos que estas producen.

Tipos de sistemas circulatorios

Cavidades gastrovasculares:

Los invertebrados acuáticos pequeños como las hidras y otros cnidarios no requieren un verdadero sistema circulatorio, ya que poseen estructuras y formas corporales que permiten el intercambio directo entre las células y el medio. En estos animales, una pared con un grosor de solo dos células encierra la cavidad gastrovascular que actúa en la digestión y en la distribución de sustancias en todo el organismo (*gastro*: digestión y *vascular*: transporte). Como pueden observar en el sistema digestivo de la hidra de la página 20, las células de la capa interna tienen acceso directo a los nutrientes, que recorren una distancia corta para alcanzar las células de la capa externa. La ramificación de la cavidad gastrovascular asegura que todas las células sean bañadas y que las distancias de difusión sean cortas.

Sistema circulatorio abierto:

Aunque la cavidad gastrovascular esté ampliamente ramificada, no sería capaz de satisfacer las necesidades de animales más grandes y con numerosas capas celulares. Durante la evolución, los animales con varias capas celulares desarrollaron dos tipos de sistemas circulatorios que superaron las limitaciones de la difusión: abiertos y cerrados. Ambos sistemas tienen tres componentes básicos: un líquido circulatorio (sangre), un conjunto de tubos por los que se desplaza el líquido (vasos) y una bomba muscular que impulsa la circulación (corazón). Las células de estos organismos están rodeadas por líquidos internos extracelulares denominados líquidos intersticiales. Los sistemas circulatorios transportan sustancias hacia y desde las células para conservar la composición óptima de estos líquidos.

En los insectos, otros artrópodos y la mayoría de los moluscos, la sangre baña a los órganos directamente en un sistema circulatorio abierto. Como no hay diferencia entre la sangre y el líquido intersticial, esta toma el nombre de hemolinfa. Este sistema está formado por un órgano propulsor activo, el vaso dorsal y una serie de tejidos asociados a la función circulatoria. El vaso dorsal se extiende desde el extremo posterior del abdomen hasta la cabeza. Comprende dos regiones: corazón y aorta. El corazón es la parte pulsátil situada en la parte posterior y forma cámaras separadas. Cada una posee un par de aberturas laterales llamadas ostíolos, por donde entra la hemolinfa. La aorta es la porción anterior del vaso dorsal y es el tubo que lleva la sangre hacia delante y la descarga en la cabeza. Conectados con la cara inferior del corazón se encuentran los músculos alares que conectan al corazón con las porciones laterales de los tejidos.

La sangre es conducida hacia adelante por la contracción del corazón desde el abdomen, pasa por la aorta y es descargada en la cabeza desde la cual retrocede infiltrándose por los tejidos hasta alcanzar el abdomen. Posteriormente la sangre es aspirada por el corazón a través de los ostíolos y vuelve nuevamente hacia adelante por los movimientos peristálticos para recomenzar el ciclo. La hemolinfa distribuye todos los nutrientes a las células pero no el oxígeno, que es llevado por el sistema respiratorio.

Sistema circulatorio cerrado:

Las lombrices, los calamares y pulpos, y los vertebrados poseen sistemas circulatorios cerrados. En ellos, la sangre está confinada en vasos, separada del líquido intersticial, y uno o más corazones la bombean hacia vasos grandes que se ramifican en otros más pequeños a través de los órganos. Finalmente los materiales se intercambian mediante difusión entre la sangre y el líquido intersticial que baña las células.

Si bien los sistemas abiertos requieren menos energía debido a que carecen de un sistema extenso de vasos y sufren menor presión hidrostática, los sistemas cerrados ofrecen ventajas: con su mayor presión arterial la sangre puede circular más rápidamente por los vasos que por los espacios intercelulares y los vasos pueden dirigir selectivamente la sangre hacia tejidos que la necesitan. Por lo tanto, son más eficientes en el transporte de líquidos circulatorios para cumplir con los elevados requerimientos metabólicos de animales de mayor tamaño y más activos.

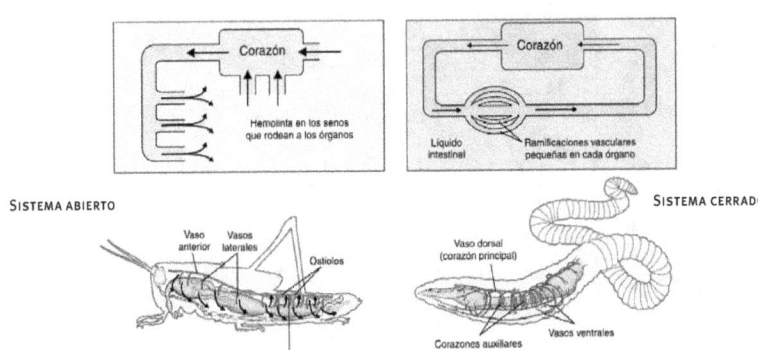

Actividades

- ¿Qué diferencias hay entre la sangre y la hemolinfa?
- ¿Qué ventajas ofrece el sistema circulatorio cerrado?

Los sistemas circulatorios de los vertebrados

Los seres humanos y otros vertebrados tienen un sistema circulatorio cerrado, denominado sistema cardiovascular, formado por el corazón y los vasos sanguíneos: arterias, venas y capilares sanguíneos. Es la sangre que corre por dichos vasos la que transporta las proteínas, glúcidos, lípidos, agua, sales, enzimas, hormonas, oxígeno y demás sustancias hacia todas las células para que puedan cumplir sus funciones vitales. El corazón presenta cámaras llamadas *aurículas* y *ventrículos*. Las aurículas reciben sangre proveniente de las venas, mientras que los ventrículos impulsan la sangre fuera del corazón hacia las arterias.

Las arterias poseen una capa muscular bien desarrollada capaz de soportar la presión de la sangre que es bombeada por el corazón. En los órganos, las arterias se ramifican en arteriolas, vasos pequeños que llevan la sangre hacia los capilares. Los capilares son vasos microscópicos con paredes porosas y muy delgadas a través de las cuales se produce el intercambio de sustancias mediante la difusión entre la sangre y el líquido intersticial que rodea las células. En su extremo "corriente abajo", los capilares convergen en vénulas y las vénulas en venas. Las venas llegan al corazón transportando sangre desde el organismo y a diferencia de las arterias, las venas poseen válvulas para evitar el movimiento retrógrado de la sangre.

Los sistemas circulatorios de los diferentes taxones de vertebrados son variaciones de este esquema. En general, los animales con mayores tasas metabólicas tienen sistemas circulatorios más complejos y corazones más poderosos. De forma similar, la complejidad y la cantidad de vasos sanguíneos en un órgano se correlacionan con sus requerimientos metabólicos.

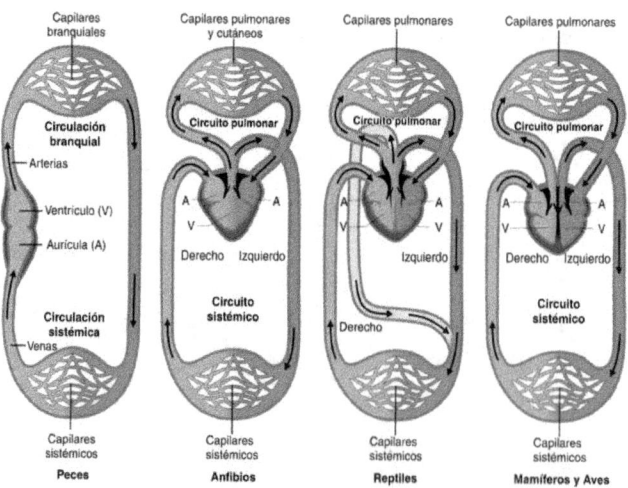

La circulación de los peces:

El corazón de los peces tiene forma de tubo, con una aurícula y un ventrículo. Tienen circulación branquial, es decir que la sangre bombeada desde el ventrículo se desplaza hacia las branquias, donde capta O_2 y elimina CO_2 a través de las paredes capilares. Los capilares branquiales convergen en un vaso que transporta sangre rica en oxígeno a los capilares de todo el organismo (circulación sistémica). La sangre, posteriormente, regresa por las venas a la aurícula del corazón y luego al ventrículo, donde recomienza el ciclo. La sangre pasa una sola vez por el corazón en cada circuito. Los anfibios no adultos, como los renacuajos, tienen una circulación similar a la de los peces.

La circulación de los anfibios:

Las ranas y otros anfibios tienen un corazón con tres cámaras, dos aurículas y un ventrículo. El ventrículo bombea sangre hacia una arteria bifurcada que divide la salida ventricular en el circuito pulmocutáneo y el circuito sistémico. El circuito pulmocutáneo conduce la sangre hacia los capilares de los órganos de intercambio gaseoso (los pulmones y la piel), donde la sangre capta O_2 y libera CO_2, antes de volver a la aurícula izquierda del corazón. La mayor parte de la sangre rica en O_2 se bombea hacia el circuito sistémico, que irriga todos los órganos y luego devuelve sangre con escaso contenido de oxígeno a la aurícula derecha a través de las venas. En el ventrículo de la rana se mezcla un poco la sangre rica en O_2 proveniente de los pulmones y la sangre pobre procedente del resto del organismo.

Esta organización, llamada circulación doble, proporciona un flujo vigoroso de sangre a los órganos porque la sangre se bombea una segunda vez.

La circulación de los reptiles:

Poseen una circulación doble con un circuito pulmonar y uno sistémico. El corazón tiene tres cámaras, aunque el ventrículo está parcialmente dividido por un tabique, lo que determina que la mezcla de la sangre sea menor que en los anfibios. Una excepción es el cocodrilo, uno de los mayores predadores cuyo corazón posee cuatro cavidades bien definidas (dos aurículas y dos ventrículos), como las aves y los mamíferos. Poseen dos arterias que parten del corazón hacia el circuito sistémico y válvulas arteriales que les permiten el desvío de gran cantidad de sangre del circuito pulmonar al sistémico.

La circulación de las aves y de los mamíferos:

En el corazón de las aves y de los mamíferos existen cuatro cámaras: dos aurículas, una derecha y otra izquierda, y dos ventrículos, derecho e izquierdo. La sangre pobre en oxígeno recogida de todas las células del organismo ingresa a la aurícula derecha del corazón a través de las venas cavas. Pasa al ventrículo derecho, luego a la arteria pulmonar y llega a los pulmones para oxigenarse. Esa sangre oxigenada es conducida por las arterias pulmonares a la aurícula izquierda del corazón. Luego pasa al ventrículo izquierdo que la impulsa con gran presión hacia todo el cuerpo a través de la arteria aorta. El aporte de oxígeno es más eficiente debido a que la sangre rica y la pobre en este gas no se mezclan y la circulación doble reestablece la presión del circuito sistémico después del paso de la sangre por los capilares pulmonares.

Por lo tanto, la circulación de las aves y mamíferos es doble, cerrada y completa, ya que la sangre atraviesa dos veces el corazón, no se comunica con el exterior y nunca se mezcla.

Actividades

- Dentro del filo Moluscos encontramos que la mayoría de los ejemplares poseen un sistema circulatorio abierto, salvo en pulpos y calamares. ¿Por qué creen que existe esta diferencia?
- Clasifiquen los sistemas circulatorios de los principales grupos de vertebrados según sean: abiertos o cerrados; simples o dobles; completos o incompletos.

El intercambio gaseoso

El intercambio gaseoso comprende la captación de oxígeno (O_2) del ambiente y la liberación de dióxido de carbono (CO_2) hacia el exterior. Este intercambio es necesario para mantener la producción de ATP en la respiración celular y, generalmente, incluyen la participación de los sistemas circulatorio y respiratorio del animal.

La fuente de O_2, denominada *medio respiratorio*, es el aire para los animales terrestres y el agua para la mayoría de los animales acuáticos. La *superficie respiratoria* es la parte del organismo del animal en la que se produce el intercambio de gases con el entorno por difusión. La velocidad de difusión es proporcional a la superficie a través de la cual se produce la difusión e inversamente proporcional al cuadrado de la distancia que las moléculas de gases deben recorrer. En consecuencia, las superficies respiratorias suelen ser delgadas y representan un área de superficie extensa. Además, las superficies respiratorias de los animales tanto terrestres como acuáticos son húmedas por lo que los gases deben disolverse en agua antes de difundir por ella.

El intercambio gaseoso se produce en toda la superficie en la mayoría de los organismos unicelulares. Asimismo, en algunos animales relativamente simples, como las esponjas y los cnidarios, la membrana plasmática de cada célula está bastante próxima al ambiente externo como para permitir la difusión de gases. Sin embargo, en muchos animales, la mayor parte del organismo no tiene acceso directo al intercambio gaseoso. La superficie respiratoria de estos animales es un epitelio húmedo y delgado que separa el medio respiratorio de la sangre, que es la encargada de transportar los gases hacia y desde el resto del organismo.

Algunos animales utilizan toda su piel como órgano respiratorio. La lombriz, por ejemplo, tiene la piel húmeda e intercambia gases a través de la superficie corporal por difusión hacia una

En la lombriz de tierra y en los anfibios, la piel funciona como órgano y superficie respiratoria, por lo que necesitan que se mantenga constantemente húmeda para que se produzca la difusión de los gases.

extensa red de capilares que se encuentran inmediatamente debajo. Dado que la superficie respiratoria tiene que mantenerse húmeda las lombrices y otros animales que respiran a través de la piel, como algunos anfibios, deben vivir en el agua o en lugares húmedos. Los animales en los que la piel húmeda es el único órgano respiratorio son pequeños además de largos y delgados, con una elevada relación superficie a volumen. En el resto de los animales, la superficie corporal general carece de un área lo suficientemente extensa para el intercambio de gases de todo el organismo. La solución es un órgano respiratorio que esté ampliamente plegado o ramificado y que permita agrandar la superficie disponible para el intercambio gaseoso. Las branquias, las tráqueas y los pulmones son los órganos respiratorios más comunes.

El intercambio gaseoso de los animales acuáticos:

El intercambio gaseoso se realiza a través de prolongaciones de la piel llamadas branquias. Las branquias están rodeadas de vasos sanguíneos que favorecen la entrada de oxígeno y la salida de dióxido de carbono. En los peces con esqueleto óseo, las branquias están cubiertas y protegidas por una serie de huesos llamados opérculo. Cuando el pez abre la boca penetra el agua, pasa a la faringe y el opérculo se cierra. Al cerrar la boca, el opérculo se abre para que el agua pase por las branquias entregando el oxígeno. Los peces con esqueleto cartilaginoso (tiburones y rayas) carecen de opérculo, con lo cual las branquias se comunican de manera directa con el exterior. Cada arco branquial posee dos hileras de filamentos compuestas por placas aplanadas denominadas láminas o lamelas. La sangre que fluye por los capilares dentro de las láminas capta el oxígeno del agua.

Como medio respiratorio, el agua tiene sus ventajas y desventajas. No hay problema para mantener húmeda la superficie respiratoria porque los órganos respiratorios, las branquias, están rodeadas de agua. Sin embargo, las concentraciones de O_2 del agua son bajas y cuanto más cálida y salada sea, menor será la cantidad de O_2 disuelto. Por lo tanto, los órganos respiratorios deben ser muy eficaces para que el animal obtenga O_2 suficiente. Un proceso que ayuda es la *ventilación* o el aumento del flujo del medio respiratorio sobre la superficie respiratoria. Los cangrejos y las langostas tienen apéndices similares a remos con los que dirigen una corriente de agua sobre las branquias. La organización de los capilares en las branquias de los peces potencia el intercambio gaseoso y reduce el costo energético de la ventilación gracias a que la sangre fluye en sentido contrario al movimiento del agua sobre las branquias. Gracias a este intercambio contracorriente, a lo largo de toda la extensión del capilar hay un gradiente de difusión que favorece el pasaje de O_2 desde el agua hacia la sangre.

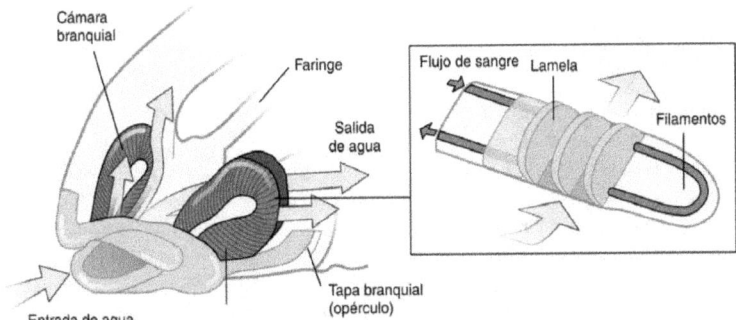

Cámara branquial

Faringe

Flujo de sangre   Lamela

Salida de agua

Filamentos

Entrada de agua

Tapa branquial (opérculo)

Actividades

- ¿Cuáles son las diferencias entre el aire y el agua como medios respiratorios?
- Los crustáceos isópodos, como el bicho bolita, son de hábito terrestre, aunque respiran a través de órganos branquiales ubicados en sus patas. Investiguen en qué lugar suelen vivir estos crustáceos. ¿Podrían asociar el hábitat de estos animales con su órgano respiratorio?

El intercambio gaseoso en los insectos:
Como medio respiratorio, el aire presenta ventajas, ya que tiene una concentración de O_2 elevada. Además los gases se difunden mucho más rápido en el aire que en el agua, y las superficies respiratorias expuestas al aire no tienen que ser ventiladas tan energéticamente como las branquias. Sin embargo, la superficie respiratoria, que debe ser extensa y húmeda, pierde agua hacia el aire continuamente mediante la evaporación. Este problema disminuye notablemente con una superficie respiratoria plegada en el cuerpo.

El sistema traqueal de los insectos, formados por tubos que se ramifican por todo el cuerpo, es una variante de superficie respiratoria interna plegada. Los tubos más grandes, denominados tráqueas, se abren hacia el exterior, mientras que las ramas más delgadas, las traqueolas, se extienden hasta la superficie de las células, donde se produce el intercambio gaseoso por difusión a través del epitelio húmedo que reviste sus extremos. Con casi todas las células del cuerpo a una distancia muy corta del medio respiratorio,

el sistema circulatorio abierto de los insectos no participa en el transporte de O_2 y CO_2. En un insecto pequeño la difusión a través de las tráqueas aporta suficiente O_2 y elimina el CO_2 como para mantener la respiración celular. Los insectos de mayor tamaño, con demanda energética superior, ventilan su sistema traqueal mediante movimientos corporales rítmicos que comprimen y expanden unos ensanchamientos de las tráqueas (sacos aéreos) como si fuesen fuelles.

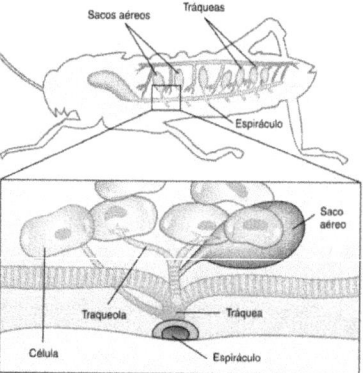

Los buzos de la naturaleza

El primer dispositivo que el hombre utilizó para explorar el mundo acuático fue un tubo conectado a una bomba que le suministraba el oxígeno e impedía que se ahogara. Pues bien, este sistema ya era utilizado por dos insectos: el escorpión acuático y el insecto palo acuático. Estos buceadores tienen un apéndice posterior en forma de tubo que dejan fuera del agua y lleva el oxígeno del aire hasta los espiráculos posteriores. Actualmente, los buzos llevan acoplados tubos que les proporcionan el oxígeno que necesitan. Este sistema es utilizado por diversos escarabajos acuáticos que llevan consigo burbujas de aire. Algunos la llevan entre las alas y el abdomen, mientras que otros pueden almacenar aire en zonas del cuerpo como las antenas, provistas de pelos hidrófugos. Cuando el insecto se sumerge, el aire de la burbuja contiene aproximadamente 80% de nitrógeno y 20% de oxígeno. A medida que el oxígeno es consumido, la burbuja se contrae, aunque no desaparece porque en su mayor parte contiene nitrógeno. Cuando la concentración de oxígeno de la burbuja disminuye por debajo de la del agua, el O_2 se difunde desde esta hacia el interior de la burbuja. Sin embargo, la capacidad de renovar el contenido de oxígeno de la burbuja dentro del agua va disminuyendo, por lo que el escarabajo necesita periódicamente salir a la superficie para renovarla.

Los pulmones como órgano respiratorio:
Los pulmones son cámaras que contienen superficies respiratorias húmedas y delicadas dentro del cuerpo, donde se reduce al mínimo la pérdida de agua y la pared corporal le proporciona sostén. A diferencia del sistema traqueal que se ramifica por todo el cuerpo, los pulmones se limitan a una sola ubicación en el interior del cuerpo y toman contacto con el exterior por medio de una serie de tubos que desembocan en las fosas nasales. Como la superficie respiratoria no está en contacto directo con las otras partes del cuerpo, los pulmones están irrigados por una gran cantidad de capilares sanguíneos que transportan los gases y los distribuyen al resto del cuerpo a través del sistema circulatorio.

En la respiración de los vertebrados el proceso que ventila los pulmones consiste en una inspiración, donde penetra el oxígeno atmosférico por las cavidades nasales rumbo a los pulmones y en una espiración, donde el dióxido de carbono es eliminado al exterior. Ambos pasos constituyen un ciclo respiratorio.

Los anfibios utilizan branquias en la etapa larvaria y pulmones en la forma adulta. Estos pulmones son relativamente pequeños y no proporcionan una superficie muy extensa, por lo que dependen considerablemente de la difusión a través de otras superficies corporales, como la piel, para el intercambio gaseoso. Durante un ciclo respiratorio de una rana, los músculos hacen descender el suelo de la cavidad oral y empujan el aire por las fosas nasales. Posteriormente, con las narices y la boca cerradas, el suelo de la cavidad oral se eleva y fuerza el aire hacia la tráquea.

Las escamas de los reptiles reducen la pérdida de agua a través de la piel y permiten al animal vivir en ambientes más secos, pero, al mismo tiempo, limitan la difusión de gases a través de la piel, por lo que los pulmones de los reptiles están mejor desarrollados que los de los anfibios. Las tortugas son la única excepción, complementan la respiración pulmonar con el intercambio gaseoso a través de superficies epiteliales húmedas en su boca y ano.

A diferencia de reptiles y anfibios, las aves y mamíferos dependen totalmente de los pulmones para respirar. El pulmón de las aves ha desarrollado adaptaciones especiales que hacen posible un intercambio extremadamente eficiente de gases, lo cual es necesario para satisfacer la enorme demanda de energía del vuelo. A diferencia de los mamíferos, en las aves el aire circula por los pulmones en un único sentido. Esto se debe a que poseen tubos huecos de paredes delgadas llamados parabronquios, que permiten el paso de aire en ambas direcciones. Cuando un ave inhala, hace pasar aire por los parabronquios de los pulmones, donde se realiza el intercambio gaseoso y simultáneamente introduce aire en espacios llamados sacos aéreos. Al exhalar, el aire oxigenado de los sacos pasa otra vez por los pulmones, lo que permite al animal extraer oxígeno incluso cuando expulsa los gases.

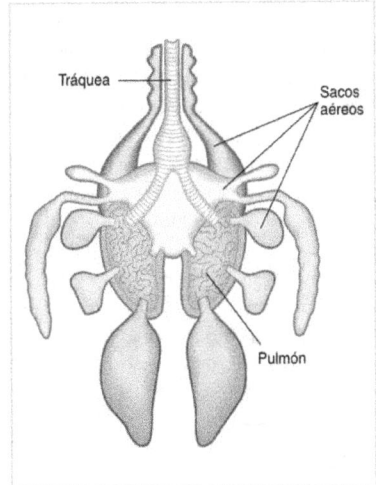

Sistema respiratorio de las aves. La contracción y la relajación de los sacos aéreos ventilan los pulmones porque fuerzan el aire en una sola dirección por tubos pulmonares llamados parabronquios.

Exceptuando las aves, los pulmones son sacos ciegos en todos los vertebrados que respiran aire, por lo que los gases fluyen hacia adentro y afuera siguiendo el mismo camino.

El aire entra en los pulmones por la cavidad oral o nasal, donde es filtrado, calentado y humidificado mientras fluye por un laberinto que se une a la faringe, una intersección de los caminos del aire y el alimento. Desde allí, el esófago conduce los alimentos hacia el estómago y una única vía aérea conduce el aire a los pulmones. Al comienzo de esta vía aérea está la laringe que alberga las cuerdas vocales. La abertura de la laringe está protegida por un pliegue cartilaginoso llamado epiglotis. Durante la respiración, la epiglotis está inclinada hacia arriba permitiendo el flujo de aire, mientras que durante la deglución se inclina hacia abajo y tapa la laringe, dirigiendo los alimentos al esófago. Le sigue a la laringe la tráquea que mide unos 2 mm de diámetro y sus delgadas paredes están protegidas por anillos cartilaginosos que la sostienen mientras cambia la presión del aire durante el ciclo respiratorio. La tráquea se divide en dos bronquios, uno para cada pulmón; estos se ramifican repetidamente para generar un árbol de vías aéreas progresivamente más pequeñas extendiéndose a todas las regiones pulmonares. La ramificación del árbol bronquial genera vías aéreas aún más pequeñas, los bronquiolos, donde el soporte cartilaginoso desaparece. El epitelio que reviste las ramificaciones está cubierto por cilios y una delgada capa de moco. El moco atrapa el polvo, el polen y otras partículas contaminantes y los cilios desplazan el moco hacia arriba hasta la faringe, donde es deglutido hacia el esófago o es expulsado tosiendo.

La ramificación continúa hasta que los bronquiolos alcanzan un diámetro aun menor y aparecen unas bolsas de paredes delgadas llamadas alvéolos, que son los sitios de intercambio gaseoso. Cada alvéolo está circundado por redes de vasos sanguíneos pequeños, los capilares, cuyas paredes están compuestas por células endoteliales. Dado que tanto la pared alveolar como las paredes capilares apenas tienen una célula de espesor, el aire está muy cerca de la sangre. Cada alvéolo está revestido por una capa delgada de líquido acuoso en donde se disuelven los gases y se difunden a través de las membranas alveolar y capilar.

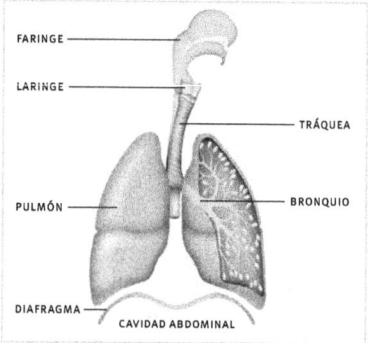

FARINGE
LARINGE
TRÁQUEA
PULMÓN
BRONQUIO
DIAFRAGMA
CAVIDAD ABDOMINAL

Sistema respiratorio pulmonar de los mamíferos. El aire ingresa por la nariz o la boca y pasa a la faringe, luego a la laringe y desciende finalmente por la tráquea los bronquios y bronquiolos hasta los alvéolos pulmonares donde se produce el intercambio gaseoso.

Actividades

- ¿Por qué constituye una ventaja para los animales terrestres que los tejidos pulmonares se encuentren dentro del cuerpo?
- Algunas aves pueden volar a miles de metros de altitud, donde escasea el oxígeno. Sin embargo, los pulmones de un pájaro son más pequeños que los de un mamífero de tamaño similar. ¿Cómo puede ocurrir este fenómeno?

Sistemas de excreción

El sistema fisiológico de los animales, desde las células y los tejidos, hasta los órganos y sistemas de órganos, funciona dentro de un ambiente líquido. Para que estos sistemas funcionen de manera adecuada, las concentraciones de agua y solutos deben mantenerse en equilibrio con el medio interno. Para lograr esta constancia, cada especie ha desarrollado un mecanismo regulador que resulta eficaz en su entorno específico. Para una trucha que vive sumergida en agua dulce, la principal tarea reguladora es deshacerse del agua que entra en su cuerpo por ósmosis y, con este fin, excretará una cantidad de orina equivalente al volumen total de su cuerpo cada dos o tres horas. En el otro extremo, los animales del desierto, como la rata canguro, tienen como principal tarea reguladora, evitar que el agua escape de su cuerpo, por lo que esta especie orina apenas unos mililitros de líquido por día.

En todos los casos, el metabolismo le presenta al organismo la necesidad de eliminar los desechos. Los productos finales del metabolismo de los hidratos de carbono y de los lípidos son el agua y el dióxido de carbono que no presentan dificultad alguna para ser eliminados. En cambio, la degradación de proteínas y ácidos nucleicos es problemática, porque el desecho metabólico producido, el amoníaco (NH_3), es muy tóxico y por lo tanto debe ser eliminado continuamente para evitar su acumulación. La excreción es el modo en que los animales se deshacen de los productos de desecho del metabolismo.

Los animales acuáticos excretan amoníaco:

Puesto que el amoníaco es muy soluble pero solo se tolera en concentraciones muy bajas, los animales que excretan los desechos nitrogenados en forma de amoníaco deben acceder a grandes cantidades de agua. Por tanto, la excreción de amoníaco es más común en especies acuáticas. Las moléculas de amoníaco pasan con facilidad a través de las membranas y se pierden rápidamente por difusión en el agua que las rodea.

Numerosos animales terrestres y algunos peces excretan urea:

Los mamíferos, la mayoría de los anfibios adultos, los tiburones y algunos peces óseos marinos y tortugas, excretan sobre todo urea, una sustancia poco tóxica producida en el hígado de los vertebrados por un ciclo metabólico que combina amoníaco con dióxido de carbono. El sistema circulatorio lleva la urea a los órganos de excreción, los riñones.

Algunos animales terrestres excretan ácido úrico:

Los insectos, los caracoles, las aves y muchos reptiles excretan ácido úrico. Al igual que la urea, es un compuesto poco tóxico, pero a diferencia del amoníaco y la urea, es en gran medida insoluble en agua y puede excretarse como una pasta semisólida con muy poca pérdida de agua.

Proceso de excreción

Aunque los sistemas excretores son diversos, casi todos generan el desecho nitrogenado en un proceso que implica varios pasos. En primer lugar se colecta el líquido corporal (sangre, hemolinfa) lo que habitualmente implica una filtración a través de membranas selectivamente permeables formadas por una capa de epitelio de transporte. Estas membranas retienen las células, las proteínas y otras moléculas grandes, mientras que el agua y los pequeños solutos como sales, azúcares, aminoácidos y desechos nitrogenados, pasan al sistema de excreción. Este líquido se conoce como *filtrado*.

Aun cuando se produzca la filtración, la colección del líquido es en gran medida no selectiva, por lo que es importante que las moléculas esenciales pequeñas del filtrado regresen a los líquidos corporales. El segundo paso es entonces la reabsorción selectiva, que implica reabsorber solutos valiosos como la glucosa, ciertas sales y aminoácidos del filtrado. El líquido resultante se excreta al exterior del organismo en forma de orina.

Órganos excretores

Protonefridios:

Los platelmintos poseen una red de túbulos que se ramifican en todo el organismo y cuyas ramas más pequeñas están cubiertas por una unidad celular llamada célula flamígera. Esta célula tiene un mechón de cilios que se proyectan al interior del túbulo y su movimiento lleva agua y solutos desde el líquido intersticial, a través de la célula flamígera (por filtración) al sistema tubular, y luego se mueve la orina hacia aberturas llamadas nefridioporos que se comunican con el ambiente.

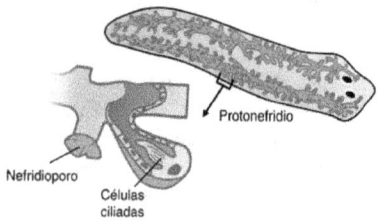

Metanefridios:

Los anélidos poseen otro tipo de sistema excretor tubular que tiene aberturas internas que recogen los líquidos corporales. Cada segmento de un gusano tiene un par de metanefridios que están inmersos en el líquido celómico y envueltos por una red capilar. El líquido entra en el nefrostoma y pasa a través de un tubo colector que incluye una vejiga de almacenamiento que se abre al exterior a través de un nefridioporo. A medida que la orina se mueve a lo largo del túbulo, el epitelio de transporte reabsorbe la mayoría de los solutos y los regresa a la sangre presente en los capilares. Los desechos nitrogenados permanecen en el túbulo y son excretados al exterior.

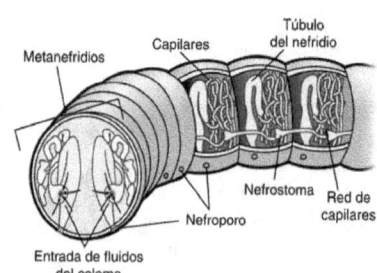

Tubos de Malpighi:

Los insectos y otros artrópodos terrestres tienen órganos llamados tubos de Malpighi que eliminan los desechos nitrogenados, estos se abren al aparato digestivo y tienen extremos ciegos que están sumergidos en la hemolinfa. El epitelio de los tubos secreta desechos nitrogenados desde la hemolinfa a la luz del tubo. El agua sigue a los solutos por ósmosis y el líquido pasa entonces al recto, donde la mayoría de los solutos son bombeados en sentido contrario hacia la hemolinfa. Nuevamente, el agua sigue los solutos, y los desechos nitrogenados, principalmente ácido úrico insoluble, se eliminan casi como materia seca junto con las heces.

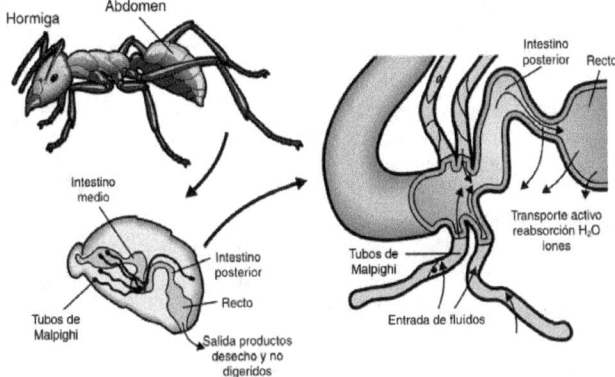

Los riñones:

Los riñones de la mayoría de los vertebrados son órganos compactos no segmentados que contienen numerosos túbulos con una densa red de capilares íntimamente asociada. Cada riñón contiene una capa exterior en la que se forma la orina (corteza y médula) y una cámara interior subdividida (pelvis) que recibe la orina y la dirige hacia el uréter. La unidad funcional del riñón de los vertebrados es la nefrona, estructura filtradora ubicada en la médula renal, que evolucionó para excretar agua a la vez que conservaba sales y moléculas pequeñas esenciales. Sin embargo, los distintos grupos de vertebrados han generado diversas adaptaciones para poder conservar agua y la vez excretar el exceso de sales y residuos nitrogenados. Los peces óseos poseen pocas nefronas y producen escasa cantidad de orina; los anfibios permanecen cerca de sus fuentes de agua o bien, cubren su piel con una excreción cérea que impide la evapotranspiración; con este mismo objetivo los reptiles poseen una piel escamosa, poseen fecundación interna, ponen huevos provistos de cáscara y excretan los residuos nitrogenados en forma de ácido úrico. Las aves comparten las adaptaciones evolutivas de los reptiles y además, al igual que los mamíferos, pueden producir una orina más concentrada que sus líquidos corporales.

Actividades

- Las formas juveniles de las libélulas llamadas náyades son acuáticas y excretan amoníaco, mientras que en estado adulto, que es terrestre, excretan ácido úrico. ¿Cuáles son las ventajas evolutivas de este cambio del tipo de desecho nitrogenado?
- ¿Cuáles son los pasos del proceso de excreción? ¿Cuál es la función del proceso de filtrado?

Sistema excretor de los mamíferos

Como ya sabemos, el sistema urinario desempeña un papel crucial en el mantenimiento del equilibrio interno. Todas las funciones homeostáticas del sistema urinario de los vertebrados se efectúan al filtrarse la sangre a través de los riñones. El sistema urinario de los mamíferos ayuda a mantener este equilibrio interno de varias maneras:

1. Regula los niveles sanguíneos de iones como sodio, potasio, cloruro y calcio.
2. Regula el contenido de agua en la sangre.
3. Mantiene la acidez correcta de la sangre (pH).
4. Retiene nutrimentos importantes como la glucosa y aminoácidos en la sangre.
5. Elimina productos nitrogenados de desecho (urea).

En los riñones de los mamíferos, cada nefrona está formada por un glomérulo por el cual se filtra la sangre a través de un ovillo de capilares y por un sistema tubular que procesa el filtrado transformándolo en orina y lo libera hacia un conducto denominado uréter. El uréter de cada riñón desemboca en la vejiga, donde la orina se almacena hasta su excreción a través de la uretra. La uretra es un conducto que se abre al exterior en el extremo del pene en los machos o inmediatamente por delante de la vagina en las hembras.

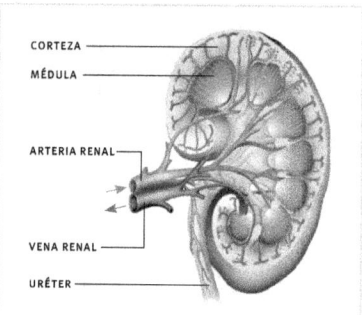

CORTEZA
MÉDULA

ARTERIA RENAL

VENA RENAL

URÉTER

Estructura de un riñón. La estructura interna consiste en una corteza y una médula por debajo. La orina abandona el riñón desde la superficie interna de la médula y es recolectada por el uréter. La arteria renal lleva sangre al riñón y la vena renal se lleva la sangre filtrada.

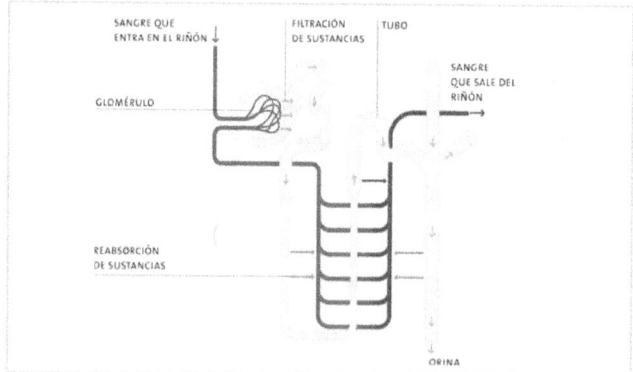

SANGRE QUE ENTRA EN EL RIÑÓN

FILTRACIÓN DE SUSTANCIAS

TUBO

GLOMÉRULO

SANGRE QUE SALE DEL RIÑÓN

REABSORCIÓN DE SUSTANCIAS

ORINA

Cada riñón está constituido por miles de pequeñas estructuras: los nefrones. En cada nefrón la sangre circula por el glomérulo, desde el cual, las sustancias de pequeño tamaño pasan a un tubo rodeado de capilares sanguíneos, a través de los cuales vuelven a la sangre las sustancias necesarias para el organismo y se elimina la orina.

1. Respondan a las siguientes preguntas:
   a. ¿Por qué los nutrientes de una comida recientemente ingerida no están realmente "dentro" del organismo antes de la etapa de absorción?
   b. ¿De qué modo contribuye una extensa superficie a las funciones del intestino delgado, los pulmones y los riñones?

2. Completen el siguiente cuadro con las adaptaciones de los animales a su medio ambiente.

	Circulación	Respiración	Excreción	Ejemplos
Peces marinos				
Aves				
Anfibios				

3. Lean atentamente cada uno de estos textos relacionados con adaptaciones y resuelvan las consignas:
   a. En comparación con una rana adulta, el renacuajo tiene un intestino mucho más largo en relación con su tamaño corporal. ¿Qué sugiere esto sobre las dietas de estos dos estados de la vida de la rana?
   b. Los peces de la clase *Dipnoos* con frecuencia viven en pequeños reservorios de agua dulce estancada que temporalmente llegan a secarse. Estos peces poseen un pulmón y producen urea como desecho nitrogenado. ¿Cuáles son las ventajas de dichas adaptaciones?
   c. Muchos insectos, como las termitas, utilizan la madera como principal fuente de alimentación. Estos insectos poseen microorganismos simbiontes en el intestino, capaces de degradar enzimáticamente la celulosa, de manera que pueda ser utilizada por la termita. Las termitas viven en sociedades complejas en donde las "obreras" se encargan de alimentar al resto de la colonia. Uno de los tipos de dietas que proporcionan estas obreras corresponde a una regurgitación de parte del alimento (alimentación estomodeica) con la que alimentan a los "reyes" y "soldados", mientras que a las formas recién nacidas las alimentan con gotas expelidas por el ano (alimentación proctodeica). Formulen una hipótesis sobre la función de este comportamiento.

4. Escriban verdadero (V) o falso (F) según corresponda en cada una de las siguientes afirmaciones. Corrijan las falsas y reescríbanlas en la carpeta para que resulten verdaderas.

a. Las plantas son organismos autótrofos, esto quiere decir que pueden aprovechar la energía luminosa del sol y, junto con el agua absorbida por las raíces y el dióxido de carbono tomado por las hojas, pueden crear sus propias moléculas orgánicas.

b. Los nutrientes esenciales son aquellos que le aportan energía a los organismos.

c. La hemolinfa de los insectos tiene la doble función de transportar el oxígeno y los nutrientes a las células.

d. Los animales de gran tamaño solucionaron la elevada demanda de oxígeno a través de epitelios húmedos internos (pulmones y branquias) con superficies replegadas.

e. Los animales acuáticos eliminan los desechos nitrogenados en forma de amoníaco, debido a que es un compuesto altamente soluble y energéticamente barato.

5. Uno de los personajes de la película animada *Monster versus Aliens*, llamado Insectosaurio, era una polilla que por efecto de la radiación alcanzó los 100m de altura.
De acuerdo con los mecanismos de la respiración y la circulación de los insectos respondan:

a. ¿A qué problemas fisiológicos se enfrentaría Insectosaurio?

b. ¿Por qué piensan que es imposible que existan insectos gigantes?

2

La función de nutrición en los seres humanos

*Hay que comer para vivir
y no vivir para comer.*

Jean Baptiste Molière

Influencia de la televisión en el consumo de alimentos y la obesidad en niños y adolescentes: una visión sistemática

Científicos brasileños realizaron una investigación con el objetivo de identificar la influencia de la televisión en el consumo alimentario y la obesidad en niños y adolescentes, a través de la revisión de 20 artículos publicados en revistas científicas entre 1997 y 2007. Estos investigadores observaron que existe una asociación directa entre la televisión y la obesidad y una asociación inversa entre la televisión y el tiempo dedicado a la actividad física. Por otra parte, registraron que la televisión se relaciona con la calidad de los alimentos consumidos: verificaron que niños y adolescentes que pasan mayor tiempo frente a la televisión tienden a ingerir menor cantidad de frutas y verduras, y más porciones de galletitas, golosinas y bebidas con elevado tenor de azúcares. La asociación entre la televisión y el consumo alimentario fue evidente (85% de los artículos), mientras que la asociación con la obesidad aparece en un 60% de los artículos. Al identificar que el tiempo frente a la televisión se asocia con inadecuados hábitos alimentarios y una reducción de la actividad física se revela que la costumbre de estar demasiadas horas frente a la "caja boba" puede actuar como un importante factor que propicia la obesidad durante la niñez y la adolescencia.

Camila Elizandra Rossi, Denise Ovenhausen Albernaz, Francisco de Assis Guedes de Vasconcelos, Maria Alice Altenburg de Assis, Patricia Faria Di Pietro. Revista de Nutrición, 2010.

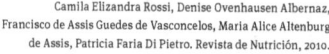

1. ¿Cuántas horas semanales en promedio pasan mirando la televisión y utilizando la computadora?
2. ¿Qué tipo de alimentos consumen durante dicha actividad?
3. Comparen la cantidad de horas que respondieron en la primera pregunta, con las que emplean para realizar ejercicio físico.
4. ¿Qué conclusiones podría sacar respecto de sus hábitos alimentarios y su actividad física? Hagan una puesta en común con el resto de los compañeros.

Nutrición de los seres humanos

Al igual que para los demás organismos, la dieta adecuada para el ser humano debe satisfacer tres necesidades nutricionales:

- Requerimientos energéticos: energía química para todo el trabajo celular del organismo.
- Nutrientes como materia prima orgánica para la biosíntesis (esqueletos de carbono para producir muchas de sus propias moléculas).
- Nutrientes esenciales que los animales no pueden sintetizar a partir de ninguna materia prima y por lo tanto deben adquirir de los alimentos.

Requerimientos energéticos

Los requerimientos energéticos del cuerpo se pueden satisfacer con una combinación de carbohidratos, proteínas y grasas. La energía de los nutrientes se mide en calorías. Una caloría es la cantidad de energía requerida para elevar la temperatura de una gramo de agua en 1 grado Celsius (ºC). El contenido calórico de los alimentos se mide en unidades de 1000 calorías o kilocalorías, aunque frecuentemente se las llama *calorías*.

Los carbohidratos y las proteínas suministran aproximadamente el mismo número de calorías por gramo de peso seco (4 Kcal/g), en tanto que las grasas aportan más del doble (9,5 Kcal/g). En una dieta típica, las grasas proporcionan cerca del 38% de la energía, los carbohidratos el 46% y las proteínas el 16%. Estas moléculas se desdoblan durante la respiración celular y la energía derivada de ellas se utiliza para producir trifosfato de adenosina (ATP).

Cuando consumimos más calorías de las necesarias para producir ATP, el exceso puede utilizarse para la biosíntesis. Si no estamos en proceso de crecimiento o reproducción, el organismo tiende a almacenar el excedente en depósitos de energía. Las células hepáticas y musculares almacenan energía en forma de glucógeno, polímero formado por muchas moléculas de glucosa, principal combustible para las células. Cuando los depósitos de glucógeno del organismo están llenos y la ingesta calórica es superior al gasto calórico, el exceso se almacena como grasa.

El cuerpo humano de un adulto en reposo requiere para sus funciones fisiológicas esenciales unas 1300 a 1800 Kcal/día en función del sexo (los hombres un poco más que las mujeres). La actividad física también eleva considerablemente los requerimientos calóricos.

Tiempo para "quemar" calorías según la actividad física (en adulto de 70Kg)

ACTIVIDAD	Kcal/h	Hamburguesa (500 Kcal)	Porción de pizza (330 Kcal)	Helado (300 Kcal)	Manzana (70 Kcal)	1 taza de brócoli (40 Kcal)
Correr	700	43 min	28 min	26 min	6 min	3 min
Caminar	250	2 h	1 h 19 min	1 h 12 min	17 min	10 min
Estudiar	100	5 h	3 h 18 min	3 h	42 min	24 min

Actividades

- Busquen al menos tres envases de comidas y/o bebidas que consuman frecuentemente y recorten la tabla de información nutricional. Calculen las calorías consumidas y el tiempo necesario para quemarlas realizando las distintas actividades de la tabla.

Requerimientos nutricionales

- *Aminoácidos:* diariamente, nuestro cuerpo requiere de 20 a 30 gramos de proteínas que sirven primordialmente como fuente de aminoácidos para sintetizar nuevas moléculas como ciertas hormonas, algunos neurotransmisores y otras proteínas. Cualquier exceso de proteínas se desdobla en sus aminoácidos y se utiliza para almacenar energía en forma de grasa. Las células del cuerpo necesitan veinte tipos diferentes de aminoácidos para sintetizar proteínas. Los humanos podemos sintetizar solo doce de estos aminoácidos, mientras que los ocho restantes deben obtenerse de la dieta (carne, leche, huevos, cereales y legumbres) y se conocen como aminoácidos esenciales.

- *Ácidos grasos:* los mamíferos también requieren, pero no pueden sintetizar, ciertos ácidos grasos necesarios para la síntesis de grasas y de algunas hormonas. Las dietas de los seres humanos proporcionan cantidades importantes de estos compuestos y, por lo tanto, las deficiencias son excepcionales.

- *Minerales:* el organismo tiene, además, un requerimiento dietético de varias sustancias inorgánicas o minerales que incluyen: el calcio y el fósforo (componentes de los huesos); el cloro y el potasio (importantes para el balance iónico); el magnesio (para el funcionamiento de los músculos); el flúor (componente de los dientes); el sodio y el potasio (esenciales para la contracción muscular y la conducción de impulsos nerviosos); el hierro (se emplea en la producción de hemoglobina) y el iodo (presente en las hormonas producidas por la glándula tiroides). Además son necesarias cantidades muy pequeñas de cobre, zinc y selenio, que por lo general forman parte de enzimas. La mayoría de estos elementos están en la dieta común y en el agua. Sin embargo, al igual que las vitaminas, estos elementos deben suplementarse a la dieta cuando la ingestión es insuficiente, o cuando el individuo no es capaz de asimilarlos normalmente.

- *Vitaminas:* son un grupo adicional de moléculas requeridas en pequeñas cantidades por las células que no podemos sintetizar. Las vitaminas se agrupan en dos categorías: las solubles en agua y las solubles en grasa. Entre las vitaminas solubles en agua están la vitamina C y todas las B. Estas se disuelven en el plasma sanguíneo y se excretan a través de los riñones, por lo que no se almacenan en el cuerpo en grandes cantidades. Generalmente operan en colaboración con enzimas (coenzimas) para promover reacciones químicas que suministran energía o sintetizan compuestos. Las vitaminas solubles en grasa, A, D, E y K desempeñan papeles más variados, como intervenir en la coagulación de la sangre (vitamina K), en la formación del pigmento visual (vitamina A). Estas vitaminas pueden almacenarse en la grasa corporal.

Algunas vitaminas, como la C y la E, son antioxidantes además de cumplir con sus respectivas funciones. Cuando nuestras células generan energía, se producen moléculas dañinas llamadas radicales libres, que pueden contribuir a la pérdida de funciones asociadas al envejecimiento. Los antioxidantes se combinan con los radicales libres y limitan sus efectos dañinos.

De dónde se obtienen las vitaminas

Nombre	Fuentes principales	Síntomas de deficiencia
A (retinol)	Yema de huevo, vegetales amarillos y verdes, frutas, hígado, manteca, leche fortificada.	Retardo del crecimiento, fragilidad de huesos largos, ceguera nocturna, piel seca, resquebrajada.
B1 (riboflavina)	Cerebro, hígado, riñón, corazón, carne de cerdo, levadura, granos enteros.	Beriberi (trastorno neurológico), insuficiencia cardíaca.
B2 (riboflavina)	Leche, huevos, hígado, granos enteros, hortalizas.	Fotofobia, fisuras en la piel, dermatitis.
B3 (niacina)	Granos enteros, hígado y otras carnes, levadura, leche, huevos, hortalizas, queso.	Pelagra (fatiga, dermatitis, diarrea), lesiones de la piel, trastornos digestivos.
B5 (ácido pantoténico)	Presente en la mayoría de los alimentos.	Transtornos neuromotrices y cardiovasculares, malestar gastrointestinal.
B6 (piridoxina)	Granos enteros, hígado, riñón, pescado, levadura, leguminosas.	Dermatitis, trastornos nerviosos, convulsiones.
B12 (cianocobalamina)	Hígado, riñón, cerebro, huevos, lácteos.	Anemia, glóbulos rojos mal formados.
H (biotina)	Yema de huevo, hígado, chocolate. Sintetizada por bacterias intestinales.	Dermatitis escamosa, dolores musculares, debilidad.
Ácido fólico	Hígado, vegetales de hoja verde oscuro. Sintetizado por bacterias intestinales.	Problemas en la maduración de los glóbulos rojos, anemia.
C (ácido ascórbico)	Cítricos y otras frutas, tomates, hortalizas de hoja verde, papas.	Escorbuto (problemas de cicatrización y reparación ósea), problemas en la formación de fibras de tejido conectivo, debilidad, pérdida de peso.
D (calciferol)	Aceite de pescado, hígado, leche fortificada y otros lácteos. Se forma por la acción de la luz solar sobre un compuesto derivado del colesterol.	Raquitismo, deformaciones óseas.
E (tocoferol)	Hortalizas de hojas de verdes, germen de trigo, semillas, aceite de cereales.	Escasez de los glóbulos rojos; aumento del catabolismo de los ácidos grasos insaturados y consecuente deficiencia en las membranas celulares.
K (naftoquinona)	Vegetales de hoja.	Coagulación sanguínea deficiente.

Problemas nutricionales

Una de las mayores paradojas de los tiempos modernos es que mientras que los países desarrollados se enfrentan con el creciente problema de la obesidad, en los países pobres cientos de millones de personas se encuentran en estado de desnutrición.

Después de algunos días sin ingerir alimentos las reservas de glucógeno del cuerpo se acaban y se comienza a extraer energía de las grasas y, luego, de las proteínas musculares. A medida que se consumen las proteínas, la piel se seca y el pelo se cae. Los aminoácidos provenientes de las proteínas degradadas se usan para mantener las funciones de los órganos vitales: cerebro, corazón y pulmones. Cuando la degradación de proteínas alcanza los anticuerpos, el sistema inmunitario comienza a desmantelarse y se producen infecciones.

Aunque es una noción probablemente incomprensible para los que sufren hambre, el exceso de alimentos también es causa de enfermedad. Cuando se ingieren más calorías de las necesarias, el exceso se acumula en forma de grasa. La obesidad incrementa el riesgo de enfermedad coronaria, diabetes y cáncer. Es por ello que la Organización Mundial de la Salud actualmente considera a la obesidad como un problema sanitario importante. Además de un exceso de calorías, muchas dietas contienen sustancias que ponen en riesgo la salud, como la sal excesiva que aumenta el riesgo de hipertensión (presión arterial alta). Otro factor de riesgo es la grasa animal, cuyo consumo en exceso puede provocar niveles altos de colesterol en la sangre y en consecuencia ateroesclerosis (engrosamientos y endurecimiento de las paredes arteriales).

Cuando la pérdida de peso se convierte en una obsesión

El deseo extremo de perder peso deriva muchas veces en elecciones peligrosas. La anorexia nerviosa es un trastorno alimentario en el que se tiene una falsa percepción del cuerpo. Las personas anoréxicas creen que están excedidas de peso, cuando en realidad su peso es normal o incluso inferior. Como consecuencia, apenas comen, se provocan vómitos, ingieren laxantes y diuréticos o realizan ejercicio físico intenso. Los casos graves suelen requerir hospitalización y alimentación intravenosa para prevenir la muerte súbita por falla cardiaca debido al desequilibrio mineral y nutricional que provoca este comportamiento. Otro trastorno alimentario es la bulimia. Las personas afectadas ingieren cantidades enormes de comida y luego se desprenden del exceso de calorías por medio de vómitos, laxantes y ejercicio físico extremo. La acidez del vómito muchas veces causa úlceras en la garganta y afecta los dientes en forma irreversible. El tratamiento exitoso de estas enfermedades involucra no solo tratamiento médico, sino también apoyo psicológico.

Actividades

- Observen nuevamente la composición nutricional de los tres alimentos elegidos en la actividad de la página 43. ¿Qué aporte de vitaminas y minerales tienen? ¿Qué conclusión podrían sacar en cuanto a la calidad nutricional de dichos alimentos?
- Investiguen cuáles son las principales fuentes de los siguientes minerales: calcio, fósforo, potasio, azufre, cloro, sodio, magnesio, hierro, flúor.
- ¿Cómo creen que afectan los medios de comunicación en la incidencia de enfermedades como la anorexia y la bulimia entre los adolescentes?

Dieta saludable

El tipo y la cantidad de alimentos que consumimos cotidianamente dependen de muchos factores, entre ellos: los recursos económicos, las costumbres familiares y regionales, la religión, el tiempo disponible para la alimentación, la publicidad y los medios de comunicación, etcétera. Sin embargo, no siempre estos factores favorecen una alimentación adecuada.

La dieta recomendada por los organismos internacionales consiste en un 45-60% de cereales, el 7-14% de frutas y verduras (distribuidos en 4 a 5 porciones diarias) y el resto de carnes, en particular pescado, aves y otros animales de granja, en detrimento de las carnes rojas. En la Argentina, en el año 2003 y 2006, se publicaron las *Guías alimentarias para la población argentina* y las *Guías alimentarias para la población infantil* respectivamente. Estas publicaciones, avaladas por el Ministerio de Salud y Ambiente de la Nación, describen las pautas y lineamientos para consumir una dieta saludable. Las Guías alimentarias se acompañan de la "Gráfica de la alimentación saludable", que ha sido diseñada para reflejar cuatro aspectos fundamentales en la alimentación cotidiana:

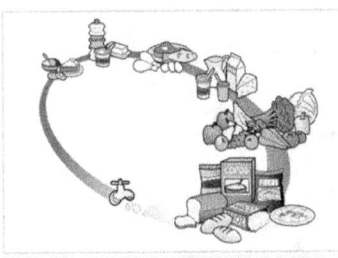

Óvalo de la alimentación.

- Consumir una amplia variedad de alimentos.
- Incluir alimentos de todos los grupos a lo largo del día.
- Consumir una proporción adecuada de cada grupo.
- Elegir agua potable para beber y preparar los alimentos.

La gráfica está formada por seis grupos de "alimentos fuente":
- Cereales (arroz, avena, cebada, maíz, trigo), sus derivados (harinas y productos elaborados con ellos: fideos, pan, galletas, etcétera) y legumbres secas (arvejas, garbanzos, lentejas, porotos, soja): son fuente principal de hidratos de carbono y de fibra.
- Verduras y frutas: son fuente principal de vitaminas C y A, de fibra y de sustancias minerales como el potasio y el magnesio. Incluye todos los vegetales y frutas comestibles.
- Leche, yogur y queso: nos ofrecen proteínas completas que son fuente principal de calcio.
- Carnes y huevos: nos ofrecen las mejores proteínas y son fuente principal de hierro. Incluye a todas las carnes comestibles (de animales y aves de crianza o de caza y pescados y frutos de mar).
- Aceites y grasas: son fuente principal de energía y de vitamina E. Los aceites y semillas tienen grasas que son indispensables para nuestra vida.
- Azúcar y dulces: dan energía y son agradables por su sabor, pero no nos ofrecen sustancias nutritivas indispensables.

La gráfica refleja la proporción que se debe comer de cada grupo. Así, a lo largo del día conviene consumir una mayor proporción de cereales y legumbres, que de carnes y huevos. De esta manera, se garantiza un aporte adecuado de la energía contenida en los cereales y de las proteínas y el hierro de las carnes, pero evitando un exceso de grasas y colesterol que contienen estas últimas. Del mismo modo, es necesario que las hortalizas y frutas estén presentes en mayor magnitud que los azúcares y dulces, pues estos últimos favorecen el desarrollo de sobrepeso y caries dentales. En cambio, las hortalizas y las frutas contienen fibra, vitaminas y minerales. El agua es la base de la vida. Es fundamental que el agua que utilicemos para beber, lavar o cocinar los alimentos e higienizarlos sea potable para evitar enfermedades.

Requerimientos nutricionales para cada edad

Si bien las Guías alimentarias dan pautas generales de una dieta saludable, los requerimientos nutricionales varían en cada etapa de la vida. Así, desde que nacemos y hasta los 6 meses de vida, nuestra alimentación debe basarse exclusivamente en leche materna, ya que esta le brinda al bebé todos los elementos que necesita para su crecimiento y desarrollo saludable, y se digiere más fácilmente que cualquier otra leche. El calostro (primera leche de la mamá) es muy importante, ya que defiende al recién nacido de las infecciones más comunes, al transmitirle 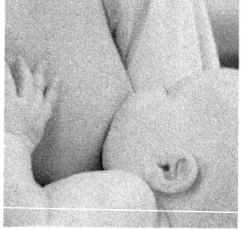 anticuerpos, hasta que este es capaz de formar sus propias defensas. La lactancia debe complementarse luego con la incorporación paulatina de otros alimentos.

Durante el resto de la vida se deben seguir las pautas generales:

- Niñez y adolescencia: Es fundamental el consumo de alimentos ricos en calcio, pero además se requiere buena calidad y cantidad de nutrientes que aporten la energía y materia que necesitan. Las Guías alimentarias recomiendan que los niños no consuman en exceso: fiambres, hamburguesas industriales, salchichas y otros embutidos, gaseosas, jugos artificiales, jugos de soja, productos salados tipo copetín, alimentos fritos y golosinas en general.
- Adultez: Los requerimientos nutricionales disminuyen debido a que se detiene el crecimiento y disminuye el metabolismo, por lo que el consumo de alimentos ricos en energía dependerá sobre todo de la actividad física que se realice. Se recomienda una dieta balanceada según la gráfica de alimentación saludable, con una paulatina disminución en el consumo de sal, para evitar la hipertensión arterial; y de grasas, por el riesgo de enfermedades cardíacas.

Actividades

- Elaboren un menú para una semana con alimentos de su agrado, pero beneficiosos para la salud.
- Existe un grupo de alimentos denominados "funcionales", que son aquellos alimentos naturales o procesados que, más allá de cumplir una función nutritiva, tienen efectos específicos para la salud, por ejemplo los *fitoesteroles*, los *antioxidantes* y los *probióticos*. Investiguen qué beneficios traen a la salud y ejemplifiquen en qué alimentos los podemos encontrar.

El sistema digestivo

El sistema digestivo es básicamente un tubo largo y sinuoso que se extiende desde la boca hasta el ano, pasando por el esófago, el estómago y los intestinos delgado y grueso. En cada compartimiento se cumplen diversas funciones cuyo tiempo varía en función del tipo de alimento. Para comprender las funciones que se llevan a cabo en cada uno de sus "laboratorios" químicos, lo recorreremos secuencialmente, tal como lo hace el alimento que ingerimos.

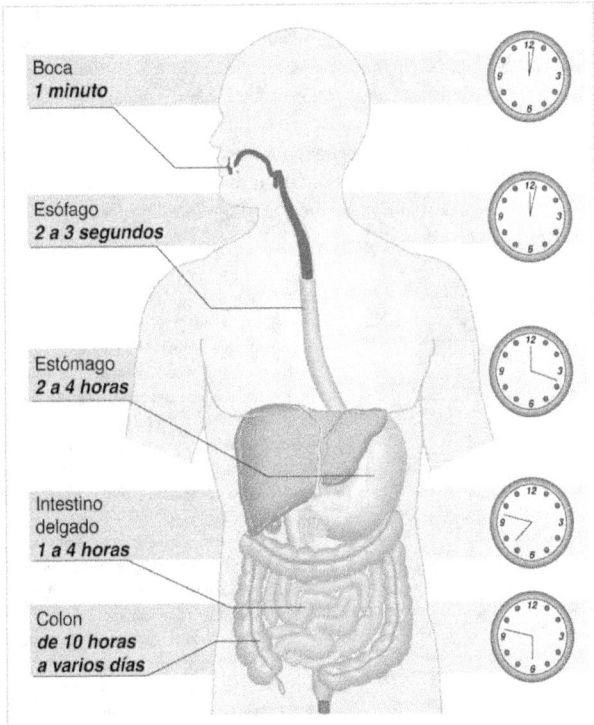

Boca
1 minuto

Esófago
2 a 3 segundos

Estómago
2 a 4 horas

Intestino delgado
1 a 4 horas

Colon
*de 10 horas
a varios días*

Actividades

- ¿Qué órganos forman parte del tubo digestivo?
- ¿Qué tipo de transformaciones ocurren en la comida durante la digestión?
- ¿Qué aportes hace este sistema a la nutrición de nuestro organismo?

Procesamiento inicial del alimento: la boca

La boca constituye el lugar por donde ingresa la comida en el organismo. Esta cavidad presenta algunas estructuras que permiten las primeras transformaciones de los alimentos.

En la boca comienza la fragmentación de la comida gracias a los dientes con los que se rompe y tritura los alimentos. La lengua mueve y mezcla el alimento y lo dirige hacia la parte posterior de la boca. En ella se encuentran las papilas gustativas, por medio de las cuales percibimos los diferentes sabores. Durante la masticación, la saliva, producida por tres pares de glándulas salivales, humedece y lubrica el alimento. El producto resultante de esta primera etapa es el bolo alimenticio, cuya lubricación, dada por el mucus, favorece la acción de tragar. La saliva también contiene una enzima, la *amilasa salival* o *ptialina*, que digiere inicialmente hidratos de carbono tales como los almidones.

El miedo puede resultar un factor que inhiba la salivación, por eso, en ocasiones de gran peligro o estrés, la boca puede secarse tanto que es difícil hablar. En promedio, los humanos producimos entre 1 y 1,5 litros de saliva por día.

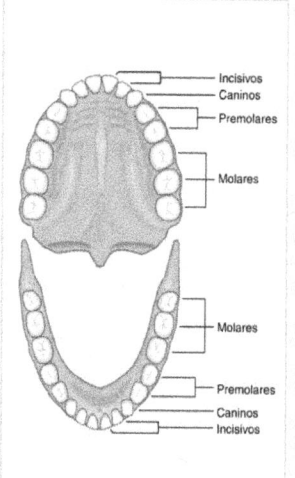

Incisivos
Caninos
Premolares
Molares
Molares
Premolares
Caninos
Incisivos

Hasta los 8 o 9 años la dentición humana solo posee 20 dientes y se denomina dentición de leche. Progresivamente, estos dientes y muelas serán sustituidos por la dentición definitiva, alcanzando la dentadura un total de 32 piezas.

Existen cuatro grupos de dientes y cada uno trabaja en forma diferente: Los incisivos son los dientes del frente de la boca, su función es la de cortar los alimentos, razón por la cual sus bordes son planos y afilados.

Los caninos sirven para desgarrar los alimentos. Su parte visible tiene forma de cono y tienen grandes raíces.

Los premolares desgarran y trituran los alimentos. Tienen dos cúspides y una o dos raíces.

Los molares tienen cuatro o cinco cúspides y son las responsables de masticar y triturar los alimentos. Las molares superiores tienen tres raíces y las inferiores dos.

El tercer molar de cada cuadrante de la boca, también llamado cordal o muela de juicio, suele aparecer entre los 16 y 25 años de edad. Como las muelas de juicio se sitúan al final de la dentadura, no siempre tienen el espacio suficiente para desarrollarse y pueden afectar a otros dientes, empujándolos o saliendo torcidas. Cuando esto ocurre se suelen extraer.

Actividades

- Investiguen y esquematicen las áreas de la lengua en donde se encuentran las distintas papilas gustativas.
- ¿Podrían tratar de evitar sentir el amargo gusto de un medicamento?
- Investiguen sobre cómo se desarrolla la placa bacteriana y cómo debemos prevenirla.

Deglución: la faringe y el esófago

El alimento parcialmente digerido abandona la boca en la forma de bolo alimenticio y pasa a la faringe y luego al esófago por un mecanismo denominado deglución. La faringe es un órgano compartido entre el sistema digestivo y el respiratorio, pero el esófago, el segmento continuo, es un tubo muscular exclusivo del sistema digestivo que atraviesa el diafragma muscular y se abre en el estómago.

La deglución comienza como una acción voluntaria, pero después, el proceso continúa de modo involuntario como resultado de la actividad de un grupo de receptores sensoriales ubicados cerca de la abertura de la faringe. Estos receptores producen la apertura del esfínter esofáfico superior y el inicio de la onda peristáltica, que son movimientos ondulatorios musculares que impulsan el pasaje de sólidos y líquidos hacia el estómago. El esófago tiene además una capa de mucus que ayuda al pasaje del alimento y protege al epitelio de la abrasión mecánica. El proceso es tan eficiente que podemos tragar agua incluso cuando estamos cabeza abajo.

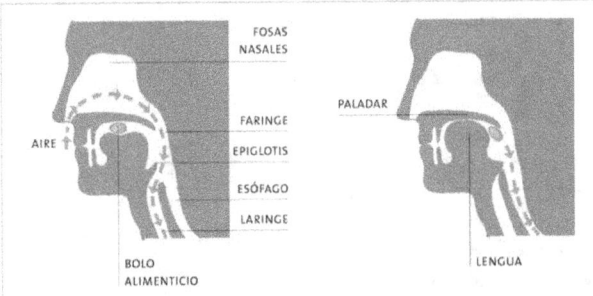

FOSAS NASALES

PALADAR

FARINGE

AIRE

EPIGLOTIS

ESÓFAGO

LARINGE

BOLO ALIMENTICIO

LENGUA

Como la laringe comunica la faringe con los pulmones, el organismo cuenta con un mecanismo para evitar que la comida penetre en el recorrido del aire. Ese mecanismo se relaciona con la presencia de la epiglotis, un repliegue que, al tragar, desciende tapando la entrada a la laringe. Esto explica también la imposibilidad de respirar y tragar al mismo tiempo.

Actividades

- En el espacio no hay gravedad y por lo tanto todo tiende a "subir". Entonces, ¿cómo llegan al estómago los alimentos ingeridos por un astronauta?

Almacenamiento y licuación: el estómago

Luego de atravesar el segundo esfínter, el esofágico inferior (o cardias), el alimento llega al estómago, una cavidad rodeada de una pared muscular fuertemente replegada. El estómago humano distendido puede contener entre 2 y 4 kg de alimento.

La mucosa estomacal es una capa relativamente gruesa, cuyos repliegues forman pequeños sacos o criptas gástricas tapizadas por células secretoras de moco. En la parte inferior de las criptas se ubican células glandulares que liberan ácido clorhídrico (HCl) y pepsinógeno, una molécula precursora de la enzima pepsina. Estas secreciones, junto con el agua en la cual se disuelven, constituyen el *jugo gástrico*. El HCl destruye a la mayoría de los microorganismos presentes en el alimento, desnaturaliza algunas proteínas, disgrega los componentes fibrosos e inicia la conversión del precursor pepsinógeno en la enzima activa pepsina. La pepsina cataliza la hidrólisis de las proteínas en péptidos más pequeños. El HCl acidifica el jugo gástrico, por lo que el epitelio estomacal está protegido de la autodigestión mediante el moco secretado por las células superficiales de las criptas. Este moco es rico en bicarbonato, que neutraliza la acidez, y su velocidad de secreción aumenta con una ingesta mayor de alimento. Muchas veces, sin embargo, esta protección no es suficiente y el jugo gástrico digiere la pared estomacal en la que provoca llagas o úlceras que pueden llegar a perforarla. La sensación de ardor que se siente al vomitar es causada por la acidez del jugo gástrico que actúa sobre la mucosa del esófago o la faringe.

Son pocas las sustancias que pueden ser absorbidas por el estómago: cierta cantidad de agua, iones, algunos ácidos grasos, medicamentos (como la aspirina) y el alcohol, que puede atravesar sus paredes y pasar al torrente sanguíneo. En el estómago, el alimento se convierte en una masa semilíquida, llamada *quimo ácido*, que se mueve por peristalsis a través de otro esfínter, el píloro, que separa el estómago del intestino delgado. El estómago se vacía alrededor de 4 horas después de la ingestión, según la proporción de lípidos y fibras que contenga el alimento que esté procesando.

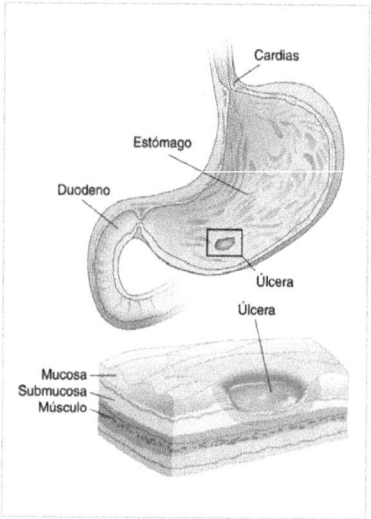

¿Por qué se producen las úlceras?

La úlcera péptica es una lesión en forma de herida más o menos profunda, que afecta a la pared interna del tubo digestivo. Se localiza fundamentalmente en el estómago o en el duodeno que es la primera porción del intestino delgado. Históricamente, las úlceras fueron atribuidas a una hipersecreción de ácido clorhídrico causada por estrés o por alimentos irritantes. Sin embargo, más tarde se comprobó que la causa de muchas úlceras es una bacteria llamada *Helicobacter pylori* que infecta las células secretoras de moco y provoca una disminución del moco protector y que pueden tratarse con antibióticos específicos.

Digestión y absorción: el intestino delgado

En el intestino delgado se completa la digestión de los hidratos de carbono y las proteínas y se inicia la digestión de las grasas. Este órgano es un tubo largo y delgado con una gran superficie de contacto con el alimento, ya que presenta pliegues en la capa submucosa, vellosidades en la mucosa y diminutas proyecciones (microvellosidades) en la superficie de las células epiteliales. Si extendiéramos por completo el intestino delgado de un adulto, mediría 6 metros de longitud.

El intestino delgado se divide en: *duodeno*, donde se produce la mayor parte de la digestión y el *yeyuno* e *íleon*, donde tiene lugar la absorción. El proceso digestivo ocurre en las criptas intestinales, donde células secretoras liberan moco, agua y varias enzimas que continúan la digestión. Por otra parte, las microvellosidades contienen enzimas que catalizan los últimos pasos de la digestión: disacaridasas, que degradan los disacáridos en monosacáridos; aminopeptidasas, que liberan el aminoácido terminal de los polipéptidos; y fofatasa alcalina, que degrada algunos compuestos fosfatados. En el duodeno, el alimento recibe además las secreciones del hígado y del páncreas que contienen enzimas y bicarbonato para neutralizar la acidez del alimento procedente del estómago.

Las moléculas simples que resultan de la digestión son absorbidas a través de las membranas de las vellosidades. Estos nutrientes ingresan al torrente sanguíneo y se distribuyen a través del sistema circulatorio a todas las células del cuerpo. Las grasas, hidrolizadas a ácidos grasos y glicerol y resintetizadas a nuevas grasas en las mismas células intestinales, ingresan en el sistema linfático.

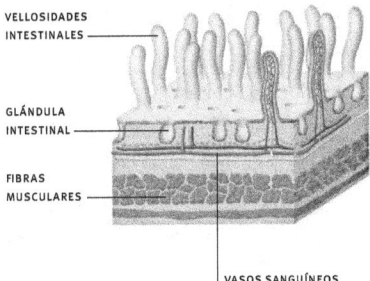

VELLOSIDADES INTESTINALES

GLÁNDULA INTESTINAL

FIBRAS MUSCULARES

VASOS SANGUÍNEOS

Principales glándulas anexas: páncreas e hígado

El páncreas aporta la mayor parte de la secreción neutralizante, para compensar la acidez del quimo del estómago. Secreta además agua, iones, la enzima amilasa pancreática y diversas hormonas que participan en la regulación de los niveles de glucosa en la sangre.

El hígado funciona como una central de transformaciones químicas. Sintetiza la bilis –un líquido que contiene agua, bicarbonato, sodio, calcio y ácidos biliares–, a partir del colesterol que contribuye a la digestión de las grasas. La bilis circula a través de conductos que la llevan a la vesícula biliar. Las sales de ácidos biliares actúan como detergentes al emulsionar las grasas en el intestino y fragmentarlas en muy pequeñas gotas (micelas). Esto aumenta la superficie en la que se produce el ataque enzimático por parte de las lipasas.

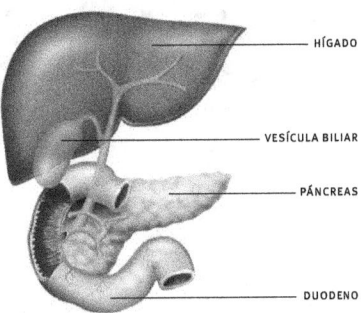

HÍGADO

VESÍCULA BILIAR

PÁNCREAS

DUODENO

Absorción ulterior y eliminación: el intestino grueso

La absorción de agua, sodio y otros minerales continúa en el intestino grueso. Este órgano aloja una población considerable de bacterias simbióticas que degradan el alimento que escapó de la digestión y la absorción del intestino delgado y, a partir de él, sintetizan aminoácidos y vitaminas. Los humanos aprovechamos algunas de esas vitaminas, como la vitamina K, que no podemos sintetizar. Sin embargo, la mayoría de las vitaminas que necesitamos y no producimos, las obtenemos de distintos componentes de la dieta.

Finalmente, todo lo que no fue digerido o absorbido se elimina como materia fecal, compuesta principalmente por agua, bacterias, células muertas y fibras de celulosa, y lubricada con moco secretado por el epitelio de la mucosa del intestino grueso. Estos desechos se almacenan por poco tiempo en el recto y luego se eliminan por el ano. Los pigmentos biliares, resultado de la descomposición de la hemoglobina son responsables del característico color de las heces.

Un recuerdo evolutivo

En el intestino grueso hay un pequeño saco ciego, el apéndice. Este órgano es un posible "recuerdo" evolutivo de nuestros antecesores herbívoros y no tiene ninguna función conocida. Sin embargo, el apéndice se puede irritar, inflamar e infectar, es decir, ocasionar lo que conocemos como apendicitis. Si supura como resultado de la inflamación, puede eliminar su contenido bacteriano en la cavidad abdominal y producir así una infección grave conocida como peritonitis, que si no se trata puede resultar mortal.

Actividades

- Describan dos funciones del ácido clorhídrico en el jugo gástrico.
- Completen el siguiente esquema siguiendo el ejemplo:

Nutriente	Lugar de absorción	Forma de absorción	Enzimas que intervienen
Hidratos de carbono	Intestino delgado	Monosacáridos	Amilasa salival, amilasa pancreática, disacaridasas
Proteínas			
Grasas			

- ¿Qué materiales se mezclan en el duodeno durante la digestión de una comida?
- Expliquen por qué el tratamiento de una infección crónica con antibióticos durante un período prolongado de tiempo puede producir deficiencia de vitamina K.

Homeostasis: una cuestión de equilibrio

Una de las características de los animales es la homeostasis, es decir, la capacidad de mantener un medio interno relativamente constante, aun cuando existan importantes cambios en muchas de las variables ambientales a las cuales se ve sometido. El concepto de homeostasis fue desarrollado por el fisiólogo estadounidense Walter Cannon (1871-1945) sobre la base de las ideas originadas por Claude Bernard, fisiólogo francés del siglo XIX. Bernard, a partir de sus estudios sobre la glucosa en la sangre y el glucógeno en el hígado, fue desarrollando el principio de estabilidad del medio interno. Cannon reformó y reafirmó la idea de Bernard y describió que todos los procesos fisiológicos mantienen la estabilidad del medio interno y restablecen el estado normal cuando se produce un cambio, concepto que llamó homeostasis. Los posibles cambios del medio interno pueden deberse a dos causas. En primer lugar, todas las actividades metabólicas necesitan de un constante suministro de materiales, como oxígeno y nutrientes que las células toman de su entorno. Paralelamente, la actividad celular produce desechos que deben ser eliminados. En segundo lugar, el medio interno responde a los cambios del medio externo (como por ejemplo cambios de temperatura), a los que neutraliza por medio de mecanismos fisiológicos.

Regulación de la glucosa como un ejemplo de homeostasis

El mantenimiento de la homeostasis involucra todos los sistemas de órganos y, por lo tanto, numerosos son los ejemplos de mecanismos homeostáticos. La regulación hormonal de la glucosa en sangre (glucemia) constituye un mecanismo homeostático que se relaciona con el balance de la energía. Cuando consumimos más calorías de las necesarias para producir ATP, el exceso puede utilizarse para la biosíntesis. Si no estamos en proceso de crecimiento o reproducción, el nivel de glucosa en sangre aumenta y el organismo tiende a almacenar el excedente en depósitos de energía. La elevada glucemia favorece la producción de la hormona pancreática insulina, encargada de reducir los niveles de glucosa al suprimir la producción hepática y potenciar la captación de glucosa para su utilización como fuente de energía o almacenamiento en forma de glucógeno en el hígado y músculo. Cuando los depósitos de glucógeno del organismo están llenos y la ingesta calórica es superior al gasto calórico, el exceso se almacena como grasa.

Por el contrario, cuando se gastan más calorías que las consumidas, debido al ejercicio físico intenso o a la falta de alimentos, el nivel de glucosa en sangre baja y el combustible se extrae de los depósitos de almacenamiento. En este caso, el páncreas produce la hormona glucagón que moviliza las reservas energéticas en hígado, grasa y músculo esquelético para producir glucosa y ácidos grasos libres, necesarios para el metabolismo celular durante hipoglucemia o estrés. El organismo gasta primero el glucógeno hepático y luego el muscular y la grasa.

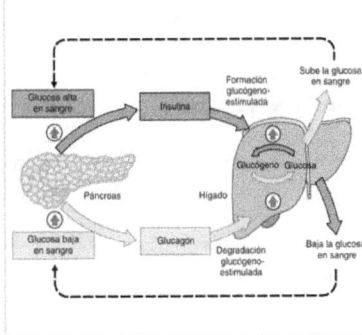

Regulación homeostática del combustible celular.

El sistema circulatorio

El sistema circulatorio apoya a todos los demás sistemas de órganos del cuerpo y desempeña las siguientes funciones:

- Transporta oxígeno de los pulmones a los tejidos y dióxido de carbono de los tejidos a los pulmones.
- Distribuye los nutrientes del aparato digestivo a todas las células del cuerpo.
- Transporta productos de desecho y sustancias tóxicas al hígado para ser detoxificadas y al riñón para ser excretadas.
- Distribuye hormonas de las glándulas que las producen a los tejidos donde actúan.
- Regula la temperatura del cuerpo.
- Protege al cuerpo de infecciones haciendo circular anticuerpos y glóbulos blancos.

Corazón y ciclo cardíaco

Ubicado debajo del esternón, el corazón humano tiene el tamaño aproximado de un puño y está compuesto de músculo cardíaco (miocardio) que internamente forma cuatro cavidades, dos aurículas y dos ventrículos. La aurícula derecha recibe del cuerpo sangre sin oxígeno, se contrae y empuja la sangre hacia el ventrículo derecho. La contracción de este envía la sangre hacia los pulmones. La sangre rica en oxígeno proveniente de los pulmones ingresa en la aurícula izquierda y de ahí pasa al ventrículo izquierdo. Las vigorosas contracciones de este ventrículo, que es la cavidad más musculosa del corazón, empujan la sangre por una arteria principal, la aorta, al resto del cuerpo.

El corazón humano late unas 100 mil veces al día. La alternancia de contracción y relajamiento de sus cavidades se denomina ciclo cardíaco. Las dos aurículas se contraen al mismo tiempo para vaciar su contenido en los ventrículos. Una fracción de segundo después, los dos ventrículos se contraen simultáneamente impulsando la sangre hacia las arterias que salen del corazón. Luego, todo el corazón se relaja antes de comenzar un nuevo ciclo. La fase de contracción del ciclo se denomina sístole y la fase de relajación corresponde a la diástole.

El corazón posee además cuatro válvulas compuestas de tejido conectivo que evitan el flujo retrógrado y mantienen el movimiento de la sangre en la dirección correcta. Entre cada aurícula y cada ventrículo hay una válvula aurículoventricular (llamadas válvula mitral la del lado izquierdo y válvula tricúspide la del lado derecho) y en las dos salidas del corazón, donde la aorta abandona el ventrículo izquierdo y la arteria pulmonar el derecho, hay válvulas semilunares o sigmoideas. Los ruidos cardíacos que se escuchan con el estetoscopio se deben al cierre de las válvulas.

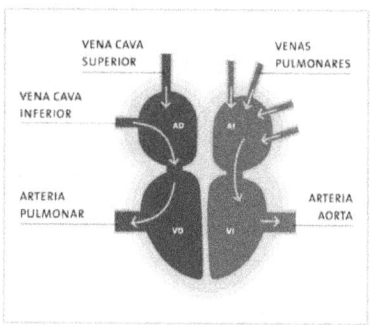

Esquema del corazón humano mostrando sus cavidades, válvulas y principales arterias y venas asociadas. El color azul indica que es sangre con escaso contenido de oxígeno y la roja con elevado contenido.

Recorrido del flujo sanguíneo

Con la ayuda de la figura, seguiremos el recorrido de la sangre a través del cuerpo:

El ventrículo derecho (1) bombea sangre hacia los pulmones a través de las arterias pulmonares (2). Mientras la sangre fluye por los capilares pulmonares (3), capta O_2 y libera CO_2. La sangre oxigenada va a través de las venas pulmonares a la aurícula izquierda (4) y luego al ventrículo izquierdo (5). Este bombea la sangre por la arteria aorta (6) hacia los tejidos del cuerpo. Las primeras ramas de la aorta son las arterias coronarias que irrigan al propio corazón y luego aparecen las ramas que irrigan la cabeza y las extremidades superiores (7). La aorta continúa posteriormente en las arterias que van a los órganos abdominales y extremidades inferiores (8). Las arterias se ramifican en arteriolas y capilares, en donde el O_2 se difunde desde la sangre hacia los tejidos y el CO_2, producido por la respiración celular, se difunde hacia la circulación sanguínea. Los capilares forman vénulas, que transportan sangre hacia las venas. La sangre, ahora con escaso contenido de O_2 proveniente de la cabeza y las extremidades superiores se encauza hacia una vena, la cava superior (9), mientras que otra gran vena, la cava inferior (10) drena sangre del tronco y extremidades inferiores. Las dos venas cavas vacían su contenido en la aurícula derecha (11), desde la cual la sangre con escaso contenido de oxígeno se dirige hacia el ventrículo derecho. De esta manera, se reinicia el ciclo. Recordemos que este tipo de recorrido incluye dos circuitos: un circuito pulmonar entre el corazón y los pulmones y un circuito sistémico entre el corazón y los tejidos del cuerpo.

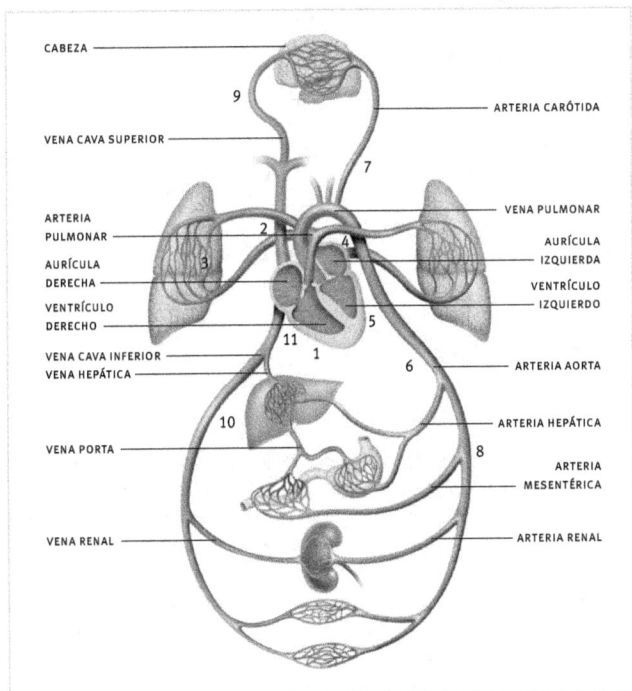

Recorrido del flujo sanguíneo en el hombre, mostrando las principales arterias y venas.

El sistema vascular

La estructura del sistema circulatorio se compone de una red de vasos sanguíneos, arterias, arteriolas, venas, vénulas y capilares, cuyas paredes están generalmente formadas por tres capas: en el exterior una capa de tejido conectivo con fibras elásticas que permiten el estiramiento y la retracción del vaso; una capa media que contiene músculo liso y más fibras elásticas; un revestimiento interno que corresponde a un endotelio, una capa de células de superficie lisa que minimiza la resistencia al flujo de la sangre. La fina pared de los diminutos capilares consta solo de la capa endotelial para permitir la difusión de sustancias.

Las arterias conducen la sangre que sale del corazón. Las paredes más gruesas de las arterias les proporcionan resistencia para llevar rápidamente, y a una presión elevada, la sangre bombeada por el corazón, y su elasticidad ayuda a mantener la presión arterial, incluso, cuando el corazón se relaja entre contracciones. Las arterias se ramifican para formar vasos de menor diámetro llamados arteriolas, que distribuyen la sangre dentro del cuerpo.

Las vénulas y venas, de paredes más delgadas y expansibles que las arterias, transportan sangre hacia el corazón a velocidades y presión bajas. La sangre fluye por las venas, principalmente, como resultado de la acción muscular; cuando una persona se mueve, sus músculos esqueléticos comprimen las venas y deslizan la sangre a través de ellas.

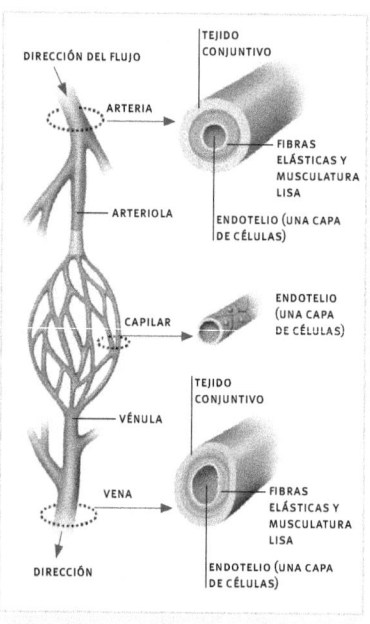

Estructura de los vasos sanguíneos.

El intercambio de gases y nutrientes

El intercambio de sustancias entre la sangre y el líquido intersticial que baña las células se produce a través de las delgadas paredes del endotelio de los capilares. Los capilares son tan numerosos que ninguna célula del cuerpo está a más de 100 micrómetros de un capilar.

Casi todos los nutrientes, el O_2 y el CO_2 se difunden a través de la membrana plasmática de los capilares o a través de hendiduras entre células adyacentes. Otras sustancias pueden ser transportadas a través de la célula endotelial en vesículas que se forman en el extremo de la célula y que posteriormente liberan su contenido en el extremo opuesto. Algunas células sanguíneas suspendidas en la sangre y la mayor parte de las proteínas disueltas son demasiado grandes como para atravesar el endotelio y permanecen en los capilares. La presión arterial dentro de los capilares hace que se filtre líquido intersticial constantemente desde el plasma sanguíneo hacia los espacios que rodean a los capilares y tejidos.

¿Qué es la sangre?

La sangre es el medio de transporte de los nutrientes, gases, hormonas y desechos celulares. Tiene dos componentes principales: un líquido llamado plasma y componentes celulares (glóbulos rojos, glóbulos blancos y plaquetas), que viajan suspendidos en el plasma. En promedio, los componentes celulares de la sangre representan del 40 al 45% de su volumen y el resto es plasma. El ser humano tiene de 5 a 6 litros de sangre, lo que constituye el 8% de su peso corporal.

- **El plasma:** es un líquido amarillo constituido en un 90% por agua. Disueltos en el plasma hay proteínas, hormonas, nutrientes (glucosa, aminoácidos, lípidos), gases (dióxido de carbono, oxígeno), sales y desechos como la urea. Entre las proteínas más importantes del plasma encontramos la albúmina que contribuye a mantener el equilibrio osmótico, el fibrinógeno que interviene en la coagulación y globulinas, que participan en la defensa contra agentes externos.

- **Componentes celulares:** las células sanguíneas se desarrollan a partir de una fuente común, una población de células denominadas células madre pluripotenciales ubicadas en la médula ósea de algunos huesos, principalmente las costillas, las vértebras, el esternón y la pelvis. Pluripotencial significa que estas células tienen el potencial de diferenciarse en cualquier tipo de célula sanguínea o en células productoras de plaquetas.

- **Glóbulos rojos:** llamados también eritrocitos, son las células más abundantes de la sangre y tienen la función de transportar oxígeno. Su forma semeja una bolita de plastilina aplastada entre el pulgar y el índice; esta forma maximiza su superficie y por lo tanto incrementa la capacidad de absorber y liberar oxígeno a través de su membrana plasmática. El color rojo de los eritrocitos se debe al pigmento hemoglobina, que es una proteína que contiene hierro. Cuando la hemoglobina se une al oxígeno adopta un color rojo cereza, mientras que cuando lo pierde adquiere un tono más azulado. La hemoglobina capta el oxígeno en los capilares de los pulmones, donde la concentración del oxígeno es alta, y lo libera en otros tejidos del cuerpo donde su concentración es baja. Después de liberar su oxígeno, una parte de la hemoglobina capta dióxido de carbono de los tejidos y lo transporta de regreso a los pulmones. Los glóbulos rojos se originan en la médula ósea que se encuentra en el interior de algunos huesos, y su vida útil es corta, apenas unos 120 días. En este mismo momento, en nuestros cuerpos están muriendo glóbulos rojos a un ritmo de 2 millones por segundo, pero son reemplazados por la formación, a igual ritmo, de nuevos eritrocitos en la médula ósea.

- **Glóbulos blancos:** constituyen la primera línea de defensa del cuerpo cuando este es invadido por microorganismos patógenos (es decir que causan enfermedades). Hay cinco tipos de glóbulos blancos o leucocitos y a diferencia de los glóbulos rojos, no están confinados dentro de los vasos sanguíneos, sino que pueden migrar al espacio intersticial. Los glóbulos blancos pueden ser destruidos durante el proceso de control de una infección. El pus que surge generalmente de las heridas está compuesto principalmente por este tipo de células muertas.

- **Plaquetas:** son trozos de citoplasma envueltos por membrana que se desprenden de células llamadas megacariocitos, ubicadas en la médula. Las plaquetas desempeñan un papel importante en la coagulación de la sangre, proceso que impide que nos desangremos cuando se produce una herida. Ante una lesión en un vaso sanguíneo, las plaquetas se adhieren y bloquean parcialmente la abertura. Las plaquetas pegadas y los tejidos lesionados inician una compleja serie de reacciones en cadena en la que intervienen 13 proteínas que circulan en el plasma llamadas factores de coagulación. El resultado de dichas reacciones es la producción de la enzima trombina, responsable de catalizar la conversión de la proteína plasmática fibrinógeno en moléculas fibrosas insolubles llamadas fibrina. Las moléculas de fibrina se unen para formar una red que solidifica la sangre y a la que se adhieren glóbulos rojos y plaquetas creando un coágulo denso y fuerte (en la piel lo llamamos costra) y junta las superficies dañadas para promover la cicatrización.

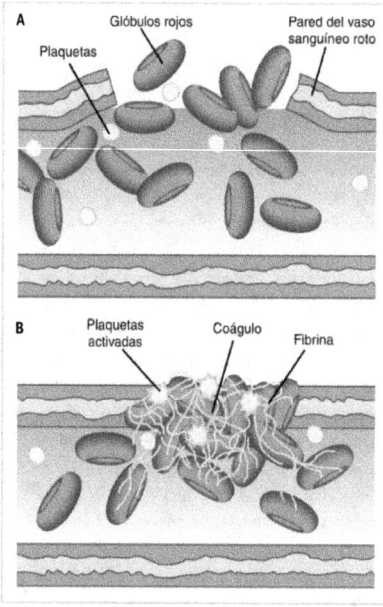

Esquema del proceso de coagulación de la sangre. A) Los tejidos lesionados y las plaquetas que se les adhieren inician una serie de reacciones en cascada, cuyo resultado es la producción de trombina, una enzima que cataliza la conversión de fibrinógeno en fibrina. B) La proteína fibrina produce una masa pegajosa y enmarañada que atrapa glóbulos rojos y forma un coágulo.

Tipos de sangre

El tipo de sangre está determinado genéticamente. La sangre se clasifica como de tipo A, B, AB y Cero, dependiendo de la presencia o ausencia de ciertas proteínas (designadas como A y B) en la membrana plasmática de los eritrocitos. Puesto que la sangre A lleva anticuerpos que atacan a las proteínas de la sangre B (y viceversa), la transfusión de sangre entre personas A y B puede ser mortal. Otro tipo de proteínas de los glóbulos rojos es el factor Rh. Si está presente, la sangre se describe como *Rh positiva* y si no, *Rh negativa*.

El sistema linfático

Como ya explicamos, continuamente se intercambian sustancias disueltas entre los capilares y las células del cuerpo por medio de líquido intersticial. En una persona promedio, la diferencia entre la cantidad de líquido que sale de los capilares sanguíneos y la que es reabsorbida por ellos, cada día, es entre 3 y 4 litros. Este líquido vuelve a la sangre a través del sistema linfático. A medida que se acumula líquido en los tejidos, su presión hace que penetre por difusión a los diminutos capilares linfáticos que se encuentran entremezclados con los capilares del sistema cardiovascular. Una vez en su interior, el líquido se denomina linfa y su composición es similar a la del líquido intersticial. La linfa fluye hacia vasos linfáticos más grandes gracias a la contracción de los músculos cercanos y al igual que en las venas la dirección del flujo se regula mediante válvulas unidireccionales.

Junto con los vasos linfáticos existen órganos denominados ganglios linfáticos que desempeñan un importante papel en la defensa del organismo. Los ganglios filtran la linfa y atacan a los virus y bacterias gracias a que poseen células denominadas linfocitos especializadas en esta función. Cuando el organismo lucha contra una infección, estas células se multiplican rápidamente y los ganglios duelen y se hinchan.

Otra función que cumple el sistema linfático es el transporte de grasas del intestino delgado a la sangre. Después de absorber las grasas digeridas, las células intestinales liberan glóbulos de grasa hacia el líquido intersticial. Estos son demasiado grandes para entrar por difusión a los capilares sanguíneos, pero no tienen problema para entrar por las aberturas entre las células de los capilares linfáticos. Una vez en la linfa, la grasa es transportada a la vena cava.

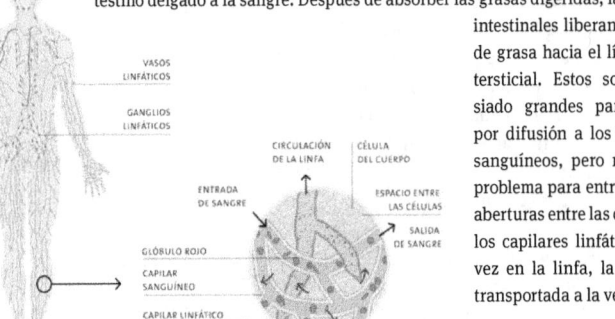

VASOS
LINFÁTICOS

GANGLIOS
LINFÁTICOS

CIRCULACIÓN   CÉLULA
DE LA LINFA   DEL CUERPO

ENTRADA
DE SANGRE   ESPACIO ENTRE
                        LAS CÉLULAS

                        SALIDA
                        DE SANGRE

GLÓBULO ROJO

CAPILAR
SANGUÍNEO

CAPILAR LINFÁTICO

Actividades

- El virus de la inmunodeficiencia humana o VIH es un patógeno que cuando entra en la sangre de una persona ataca a los linfocitos. Como consecuencia, la persona presenta diversas sintomatologías, que en conjunto se las conoce como Síndrome de Inmuno Deficiencia Adquirida (SIDA). Si no se trata, la persona puede morir por tuberculosis, neumonía, cáncer u otras afecciones. ¿Por qué creen que las personas afectadas por esta enfermedad mueren a causa de otras enfermedades?
- ¿Cuál sería la causa por la que se hinchan los pies luego de un largo viaje o un prolongado período de inactividad?
- Enuncien las diferencias entre: líquido intersticial, sangre y linfa.

El sistema respiratorio

El sistema respiratorio, como el digestivo, es básicamente un sistema de tubos y sacos en los que se realiza el intercambio gaseoso entre el medio ambiente y la sangre.

En el hombre, la inspiración o inhalación (entrada) y la espiración o exhalación (salida) del aire ocurre normalmente por la nariz. Las cavidades nasales están tapizadas de pelos que atrapan el polvo y otras partículas extrañas. La misma función cumple el moco secretado por las células epiteliales que revisten estas cavidades. Este moco ayuda además a humedecer el aire inhalado. Las cavidades nasales poseen una rica provisión de sangre que mantiene su temperatura y calienta el aire antes de que este alcance los pulmones. Desde las cavidades nasales el aire pasa a la faringe y desde allí a la laringe situada en la parte superior y anterior del cuello. La laringe contiene las cuerdas vocales, que son músculos longitudinales con ligamentos transversales que atraviesan la luz del tracto respiratorio y determinan un espacio por donde pasa el aire. Cuando espiramos, el aire que pasa a través de las cuerdas vocales las hace vibrar y esto causa el sonido de la voz.

Desde la laringe, el aire inspirado pasa a través de las tráqueas, un largo tubo membranoso también revestido de células epiteliales ciliadas. Las paredes de las tráqueas están reforzadas por anillos de cartílago que evitan que colapse durante la inspiración o cuando es presionada por los alimentos que circulan por el esófago. La tráquea desemboca en los bronquios que se subdividen en conductos cada vez más pequeños llamados bronquiolos. Los bronquios y los bronquiolos están rodeados por capas delgadas de músculo liso. La contracción y relajación de este músculo ajustan el flujo de aire de acuerdo con las demandas metabólicas. Los cilios de la tráquea, los bronquios y los bronquiolos se mueven continuamente empujando el moco y las partículas extrañas embebidas en él hacia la faringe, desde donde en general son tragados. Esta producción de moco habitualmente la notamos solo cuando se incrementa por encima de lo normal, como por ejemplo cuando nos resfriamos o sufrimos una reacción alérgica.

El intercambio gaseoso producido por difusión como consecuencia de diferentes presiones parciales de O_2 y CO_2 ocurre en pequeños sacos aéreos llamados alvéolos. Los alvéolos se encuentran agrupados en racimos alrededor de los extremos de los bronquiolos más pequeños. Cada alvéolo contiene entre 0,1 y 0,2 mm de diámetro y está densamente rodeado por capilares. El endotelio de los capilares junto con las células epiteliales planas de los alvéolos, constituyen una fina capa de células separadas entre sí por un pequeño espacio intersticial.

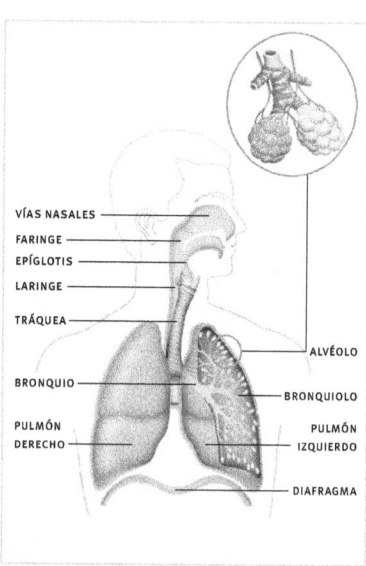

VÍAS NASALES
FARINGE
EPÍGLOTIS
LARINGE
TRÁQUEA
ALVÉOLO
BRONQUIO
BRONQUIOLO
PULMÓN DERECHO
PULMÓN IZQUIERDO
DIAFRAGMA

Esquema del sistema respiratorio humano mostrando sus partes principales y un acercamiento de los alvéolos y los capilares que lo rodean.

El mecanismo de ventilación

Los pulmones están suspendidos en la cavidad torácica, rodeada por las costillas que forman una especie de jaula limitada por abajo por un músculo abovedado, el diafragma. La cavidad torácica está revestida por dentro por las membranas pleurales, que encierran cada pulmón en sendas cavidades pleurales. Como las cavidades pleurales son espacios cerrados, cualquier intento por aumentar su volumen genera una presión negativa en su interior (succión), que expande los pulmones. Esto sucede cuando el aire fluye hacia ellos desde el exterior por el mecanismo de inspiración. Para iniciar una inspiración, el diafragma se contrae y desciende, incrementando el volumen de las cavidades torácica y pleural.

La espiración comienza cuando cesa la contracción del diafragma. Este se relaja y asciende mientras la recuperación elástica de los pulmones empuja el aire hacia afuera. Otro grupo de músculos, los intercostales también intervienen en el cambio de volumen de las cavidades pleurales. Los músculos intercostales externos expanden las cavidades pleurales, levantando las costillas hacia arriba y afuera. Los músculos intercostales internos, en cambio, disminuyen el volumen torácico al tirar de las costillas hacia abajo y adentro.

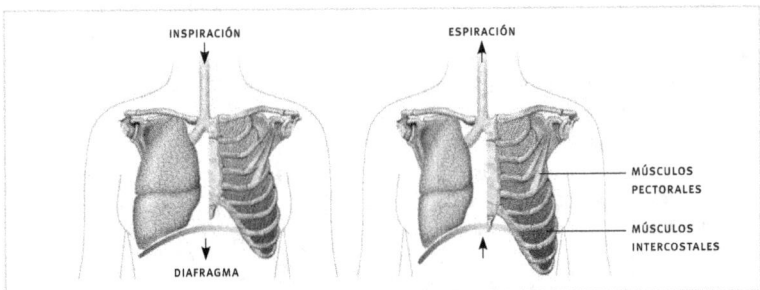

Mecánica de la respiración. Durante la inspiración, el sistema nervioso estimula la contracción del diafragma y de los músculos intercostales. El resultado es un aumento en el tamaño de la cavidad torácica que succiona aire hacia su interior. La relajación de estos músculos (espiración) permite que el diafragma se curve hacia arriba expulsando el aire de los pulmones.

El cigarrillo: enemigo de la buena respiración

Los delicados tejidos de los alvéolos están protegidos contra los microorganismos y las partículas extrañas por el movimiento de los cilios de las células epiteliales de la tráquea y los bronquios, encargadas de barrer las partículas que quedan atrapadas en el moco. El humo de cigarrillo paraliza a estos cilios, permitiendo que, tanto los microorganismos infecciosos como las sustancias extrañas, incluidas las sustancias cancerígenas, queden en íntimo contacto con las células del epitelio alveolar. Además, el humo del tabaco aporta al menos 43 sustancias cancerígenas que entran en contacto con los tejidos. Las consecuencias pueden ser el cáncer o la bronquitis crónica, que se caracteriza por la disminución del diámetro del árbol respiratorio, una secreción excesiva de mucosidad y enfisema. El enfisema se desarrolla por la destrucción de las membranas alveolares, que son reemplazadas por tejido cicatricial poco elástico. El resultado es la disminución de la superficie disponible para el intercambio gaseoso. Lamentablemente, para muchos fumadores el único momento en que pudieron dejar de fumar fue antes de comenzar a hacerlo, porque la nicotina es una droga que genera una fuerte adicción.

Transporte e intercambio de gases

El oxígeno es relativamente insoluble en el plasma sanguíneo. La baja solubilidad sería una limitación grave si no fuera por la presencia de proteínas transportadoras (pigmentos respiratorios), que elevan hasta 70 veces la capacidad de transporte de O_2 de la sangre. Todos los pigmentos respiratorios son básicamente una combinación de un ión metálico y una proteína. En los seres humanos el principal pigmento lo constituye la hemoglobina que es transportada por los glóbulos rojos. Estas células están altamente especializadas en la función de transporte; un glóbulo rojo maduro lleva unos 265 millones de moléculas de hemoglobina. A su vez, la hemoglobina tiene 4 subunidades, cada una constituida por una cadena polipeptídica y un átomo de hierro. La mioglobina le sigue en importancia y es un pigmento respiratorio que se encuentra en el músculo esquelético y actúa como un reserva de oxígeno durante una actividad física intensa.

La asociación o disociación de la hemoglobina y el O_2 depende de la presión parcial de oxígeno (PpO_2) en el plasma sanguíneo. En los capilares alveolares, donde la PpO_2 es más elevada, la hemoglobina se combina con el O_2. En los tejidos, donde su presión parcial es inferior, el oxígeno se desprende de la hemoglobina y se difunde hacia los tejidos. Cuanto más O_2 consume un tejido por ser muy activo, menor será la PpO_2 en ese tejido y por lo tanto mayor la cantidad de oxígeno que se desprende de la hemoglobina.

El dióxido de carbono es más soluble que el oxígeno y, por ello, se transporta en parte disuelto en el plasma, otra pequeña parte se asocia a grupos amino de la molécula de hemoglobina y el resto se disocia produciendo bicarbonato (HCO_3^-) e hidrógeno (H^+) en los eritrocitos. En los pulmones, donde la presión parcial de dióxido de carbono ($PpCO_2$) es menor, el ácido carbónico se disocia para formar CO_2 y agua. El dióxido finalmente se difunde del plasma a los alvéolos y es eliminado con el aire espirado.

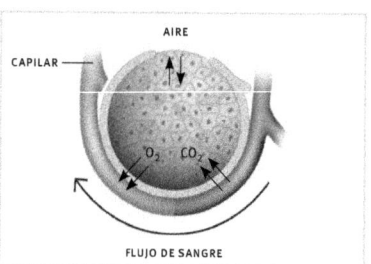

Intercambio gaseoso entre el alvéolo y la sangre.

Actividades

- Investiguen en qué consiste la norma "Regulación de la publicidad, promoción y consumo de los productos elaborados con tabaco", más conocida como "Ley Nacional Antitabaco", y desde cuándo se puso en marcha en Argentina.
- El siguiente gráfico relaciona la presión parcial de oxígeno con la saturación de los pigmentos respiratorios (el 1 representa un 100% de saturación). En función de ello respondan: ¿cuál de los dos pigmentos se satura a menor PpO_2? ¿Por qué creen que esto es ventajoso cuando se está realizando ejercicio físico intenso? ¿Por qué ambos pigmentos tienden a captar oxígeno en los pulmones y liberarlo en los tejidos?

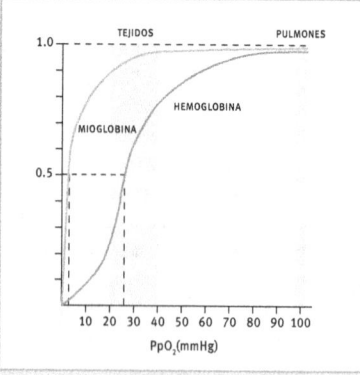

Sistema excretor

Ya sabemos que la sangre abastece a las células de los productos químicos necesarios y las libera de los desechos que produce. Así, la sangre funciona por un lado como un medio eficiente de suministro de sustratos para el metabolismo celular y, por otro, como un mecanismo de "limpieza" debido a que los desechos celulares ingresan en el torrente sanguíneo desde donde son eliminados hacia el exterior del organismo. Esta eliminación se denomina excreción.

Los principales productos metabólicos de desecho son el CO_2 y compuestos nitrogenados (principalmente amoníaco) producidos por la degradación de los aminoácidos. Como vimos, el CO_2 se difunde desde el interior del cuerpo hacia el medio externo a través de superficies respiratorias. Por su parte, el amoníaco se convierte rápidamente en el hígado en urea, que se difunde al torrente sanguíneo y es llevada por la sangre hacia los riñones.

El hombre, al igual que gran parte de los vertebrados se caracteriza por presentar un sistema excretor complejo, en el cual el riñón es el órgano fundamental. En el riñón podemos distinguir tres segmentos: corteza, médula y pelvis renal. La corteza y la médula están formadas por nefronas, que son la unidad funcional de los riñones, mientras que la pelvis, corresponde a un segmento expandido del uréter y que recibe la orina ya formada. Cada nefrona está formada por un ramillete de capilares conocido como glomérulo y un tubo largo y estrecho llamado tubo renal, que se origina en una estructura denominada cápsula de Bowman. El túbulo renal está constituido por los túbulos contorneados proximal y distal que están conectados por el asa de Henle. El extremo de la nefrona es el conducto colector recto.

La orina se forma en las nefronas y pasa de los conductos colectores a la pelvis renal. Desde ese embudo recolector, la orina gotea en forma continua a través del uréter en la vejiga, que la almacena hasta que es expulsada del cuerpo a través de la uretra.

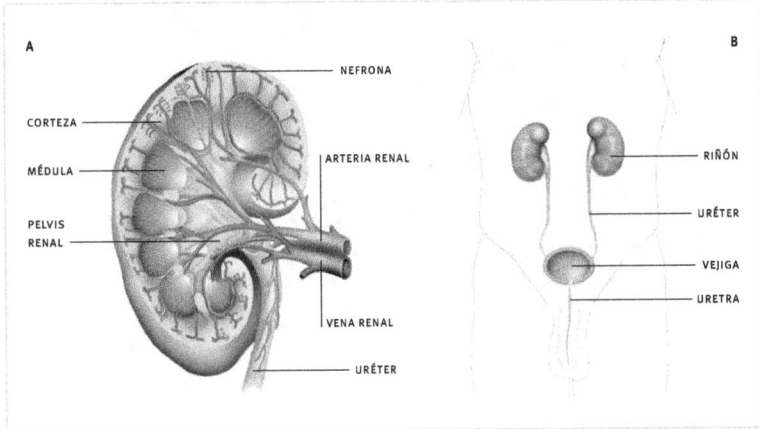

El sistema urinario humano. a) Sección transversal de un riñón; b) Diagrama del sistema urinario y su abasto de sangre.

Proceso de excreción

El proceso de excreción involucra una serie de pasos en los que finalmente se obtiene la orina.

- **Filtración glomerular:** la sangre entra en cada riñón mediante la arteria renal, que se ramifica en arterias cada vez más pequeñas, luego en arteriolas y por último en capilares glomerulares. La tasa de filtración glomerular es la cantidad de plasma filtrado por unidad de tiempo y depende directamente de la presión sanguínea que se ejerza en los capilares. Esta presión en condiciones normales es alrededor del doble de la presión de otros capilares y en consecuencia parte del plasma sanguíneo que entra en los riñones es forzado a pasar a la luz del túbulo renal a través de dos barreras: la pared de los capilares glomerulares y la pared de la cápsula de Bowman adyacente. Este proceso de filtración representa el primer paso en el proceso de formación de la orina. Excepto por la ausencia de moléculas grandes, como las proteínas que no pueden atravesar la pared de los capilares, el filtrado tiene una composición química muy similar al plasma.

- **Reabsorción y secreción tubular:** el filtrado formado en la cápsula de Bowman viaja a lo largo del túbulo renal, cuya pared está formada por una sola capa de células epiteliales especializadas en el transporte activo. Aquí se reabsorbe un 75% del volumen filtrado, principalmente agua y solutos. La glucosa y la mayor parte de los aminoácidos y de las vitaminas regresan así al torrente sanguíneo. El segundo proceso que tiene lugar es el de secreción activa de sustancias desde la sangre hacia el interior de la nefrona. Así, ciertas moléculas que permanecen en el plasma luego de la filtración son eliminadas de manera selectiva de la sangre que circula por los capilares peritubulares y secretadas hacia la preorina.

- **Concentración de la orina:** el control de la pérdida de agua es un mecanismo esencial para mantener el equilibrio hídrico del organismo. La capacidad de excretar orina hiperosmótica, es decir, más concentrada que los líquidos corporales, se asocia con una porción del túbulo renal en forma de horquilla, el asa de Henle. Al ingresar en el túbulo colector, la preorina ha reducido en un 95% su volumen con respecto al volumen filtrado inicialmente. Esto hace que en el túbulo colector se concentren ciertas sustancias como la urea. De esta manera la orina que finalmente se excreta puede llegar a concentrarse hasta más de 10 veces con respecto al plasma, con el resultado de una importante economía del agua para el organismo.

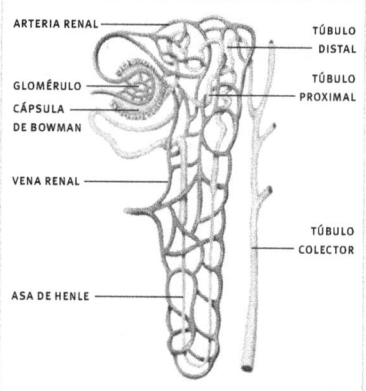

ARTERIA RENAL

GLOMÉRULO
CÁPSULA
DE BOWMAN

VENA RENAL

ASA DE HENLE

TÚBULO
DISTAL

TÚBULO
PROXIMAL

TÚBULO
COLECTOR

Esquema de una nefrona mostrando el recorrido de la sangre y la orina.

Actividades

- Describan y comparen los procesos de filtración, reabsorción tubular y secreción tubular.
- ¿Cuáles son las ventajas de producir una orina hiperosmótica?

El sistema excretor interviene en el mantenimiento de la homeostasis

El sistema excretor además de encargarse de eliminar los desechos nitrogenados provenientes del metabolismo de las proteínas, interviene en el mantenimiento de la homeostasis de solutos y agua, es decir, controla la osmolaridad. La osmolaridad de los líquidos corporales es una variable que los organismos regulan eficientemente. Esta regulación permite que la sangre esté en equilibrio con el líquido intersticial que baña las células. La regulación osmótica de las células es clave para que el volumen celular se mantenga y se evite así que la célula se hinche o, por el contrario, se deshidrate.

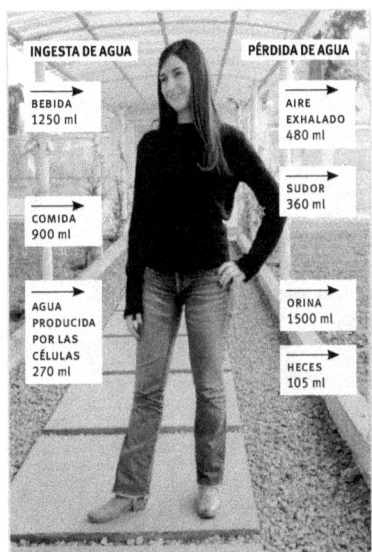

Esquema mostrando las principales fuentes de ganancia y pérdida de agua en los seres humanos.

La concentración de cualquier sustancia depende no solo de su cantidad, sino también de la cantidad de agua en la que está disuelta. Así, la regulación del contenido de agua de los líquidos corporales es un aspecto importante de la regulación de la osmolaridad. Al igual que los demás animales terrestres, el hombre regula el contenido de agua equilibrando las ganancias y las pérdidas. El cuerpo está en equilibrio hídrico cuando la cantidad total de agua perdida junto con el aire espirado, la evaporación de la piel, la orina y las heces, iguala a la cantidad obtenida bebiendo líquido, comiendo alimentos que contienen agua y extraída como producto final de ciertas reacciones metabólicas. La deshidratación que ocurre cuando la pérdida supera a las ganancias, incrementa la concentración de solutos en el líquido intersticial con la consecuente salida de agua de las células. En las membranas mucosas de la cavidad oral, esta deshidratación produce la sensación de sequedad que asociamos con la sed.

Actividades

- Indiquen qué afirmaciones son falsas. Realicen las correcciones necesarias para que sean correctas:
  a. Excreción y defecación son términos análogos.
  b. La absorción de nutrientes tiene lugar a lo largo de todo el trayecto del tubo digestivo de los mamíferos.
  c. Las tráqueas, branquias y pulmones son, esencialmente, superficies respiratorias a través de las cuales se efectúa el intercambio de gases entre el aire, el agua y los líquidos circulatorios.
  d. Las funciones principales de los riñones es mantener el equilibrio osmótico de los líquidos internos (sangre-líquido intersticial) y eliminar los desechos producidos por el metabolismo de las proteínas.

Funcionamiento de los pulmones

1. El objetivo de esta experiencia es reconocer, a través de un sencillo modelo, el funcionamiento del mecanismo de ventilación pulmonar.

Materiales:

- Botella plástica con tapa a rosca
- Sorbete
- Globo chico
- Trincheta
- Plastilina
- Banditas elásticas (3)
- Globo grande o piñata
- Cinta adhesiva ancha

Procedimiento:

a. Corten la botella con la trincheta por la mitad.

b. Hagan un agujero en la tapa de la botella y pasen por allí el sorbete. Sellen los espacios que hayan quedado abiertos en la tapa con plastilina.

c. Sujeten en el extremo del sorbete que queda adentro de la botella un globo más chico utilizando una bandita elástica. La unión debe quedar muy bien sujeta.

d. Coloquen el globo más grande cubriendo la base de la botella y sujétenlo en posición con una bandita elástica. Para sujetarlo con fuerza utilicen la cinta adhesiva.

e. Enrosquen la tapa en la botella teniendo especial cuidado que no se salga el globo que debe quedar en el interior de la botella.

f. Tiren del globo que está en la parte inferior hacia abajo. Observen lo que sucede con el globo de adentro.

g. Ahora empujen el globo inferior hacia arriba y nuevamente observen.

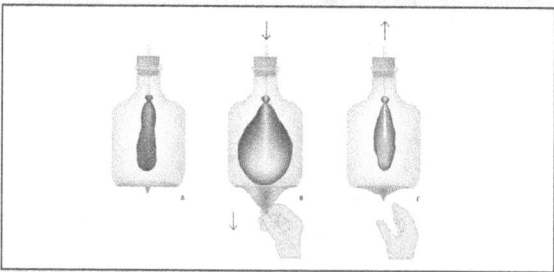

2. Elaboren conclusiones guiándose con las siguientes preguntas:

a. ¿A qué parte del sistema respiratorio corresponde cada uno de los elementos de este modelo?

b. ¿Cómo varía la presión del aire dentro de la botella al estirar y empujar el globo de abajo?

c. Describan la analogía del experimento con la inspiración y la espiración.

Los primeros exploradores de los mecanismos de la nutrición

En el siglo XVIII, un problema muy discutido entre los fisiólogos era si la digestión constituía un proceso mecánico o químico. Para los naturalistas "mecanicistas", quienes buscaban explicaciones mecánicas para todos los fenómenos del cuerpo humano, la trituración de los alimentos era el proceso más importante de la digestión; por su parte, los que pensaban que los fenómenos químicos prevalecían, insistían en que debía existir algún agente químico responsable de la digestión de los alimentos.

En 1752 el físico francés René-Antoine Ferchault de Réamur (1683-1757) le hizo ingerir a un halcón cilindros metálicos cubiertos en sus extremos con una tela y con carne en su interior. Cuando el halcón regurgitó los cilindros, Réamur encontró que la carne estaba parcialmente disuelta: la acción mecánica no era necesaria para comenzar la degradación del alimento. Réamur luego hizo tragar al halcón una pequeña esponja. La esponja recuperada contenía jugos gástricos que, aplicados sobre la carne, la disolvieron. Estos resultados no descartaban, sin embargo, que los músculos ejercieran un tipo de acción mecánica complementaria. Las dos posturas coincidían en la idea de que la digestión ocurría sólo en el estómago.

Algunos años más tarde, Lázaro Spallanzani (1729-1799) retomó los experimentos de Réaumur y estudió la digestión de varios animales y sobre su propio cuerpo, provocándose vómitos en ayunas para obtener jugos gástricos. Comprobó que el jugo gástrico es el agente responsable de la transformación de los alimentos. No obstante, Spallanzani no llegó a determinar que estos jugos eran de naturaleza ácida; pensaba que la acidez se debía a un estado patológico.

A principios de la década de 1820, el médico militar estadounidense William Beaumont (1783-1853) tuvo la oportunidad de atender a un hombre herido en una explosión. Beaumont colocó una fístula en el estómago del paciente y así pudo experimentar con los jugos gástricos y observar el funcionamiento del estómago en distintas condiciones. En 1833, Beaumont publicó sus observaciones. Entretanto continuaba el avance en el conocimiento de la digestión, de los órganos en los que ocurre y de las sustancias que participan en el proceso.

Entre los científicos que participaron en estas investigaciones se encontraba Theodor Schwann (1810-1882), quien más tarde intervendría en las investigaciones que permitieron comprender la estructura básica de la célula como unidad biológica. Schwann descubrió la hormona pepsina. Posteriormente, Claude Bernard (1813-1878) demostró que la digestión no se realiza exclusivamente en el estómago.

Iván Pavlov (1849-1936) realizó una verdadera disección fisiológica de los compartimentos y los órganos digestivos, al analizar las secreciones digestivas por medio de aberturas quirúrgicas crónicas realizadas en el tracto digestivo de un perro. Este procedimiento fue una verdadera innovación y dio comienzo a una era diferente en el estudio de la fisiología. Pavlov demostró el papel que cumple el sistema nervioso en la regulación del proceso digestivo y sentó así las bases de la fisiología moderna de la digestión.

1. Analicen el siguiente menú vegetariano y respondan: ¿Cuáles son las principales deficiencias que puede tener una dieta que cuente exclusivamente con este tipo de alimentos?

Desayuno: Leche con miel. Pan integral tostado con queso y mermelada. Jugo natural de frutas.
Almuerzo: Ensalada de papa, huevo duro, tomate, remolacha y cebolla con lentejas. Yogur con cereales.
Merienda: Té. Jugo natural de frutas. Rebanada de pan integral con queso tofu.
Cena: Ensalada con brotes de soja. Canelones de espinacas y ricota con salsa de tomate natural. Manzana asada.

2. Analizando entrevistas realizadas a familiares, investiguen cómo se ha modificado la alimentación en nuestro país.

   a. Confeccionen una encuesta para realizar a tres miembros de su familia: uno de la generación de sus abuelos, otro de la generación de sus padres y el tercero de su generación.
   Las preguntas pueden apuntar a los siguientes ítems:
   - ¿Qué platos preferían en la niñez?
   - ¿Qué platos prefieren ahora?
   - ¿De qué origen es la familia?
   - ¿Qué platos son típicos de nuestra tierra?
   - ¿Qué ingredientes son típicos de nuestra tierra?
   - ¿Cuán frecuentemente comen estos platos o ingredientes?
   - Para las generaciones de padres y abuelos, ¿cuán frecuentemente comían estos platos o ingredientes cuando eran pequeños?
   - ¿Qué alimentos son necesarios para mantener una dieta sana y equilibrada?
   - Para las generaciones de padres y abuelos, ¿cuán frecuentemente comían estos alimentos?
   b. A partir de los datos obtenidos confeccionen un cuadro comparativo de las características alimentarias de cada una de las generaciones.
   c. Elaboren conclusiones que apunten a establecer semejanzas y diferencias entre los hábitos de cada generación.
   d. Compartan las conclusiones con el grupo y luego intenten explicar las causas de los cambios que hayan podido detectar entre las diferentes generaciones.

3. Lean la siguiente información sobre la enfermedad celíaca y luego resuelvan las consignas.

La enfermedad celíaca es una condición genética, hereditaria y autoinmune. Consiste en el rechazo del organismo afectado a un conjunto de proteínas denominadas prolaminas, presentes en el trigo, la avena, la cebada y el centeno (factores cuyas iniciales conforman la sigla TACC), incluyendo todos los productos derivados de estos cuatro cereales.

Las proteínas afectan directamente la superficie de absorción del intestino delgado, que, al no poder cumplir correctamente con su función, ve disminuida su capacidad de absorber y utilizar los nutrientes ingeridos. La forma más conocida de presentación de las prolaminas tóxicas para los celíacos es el gluten, y a su vez la gliadina constituye el mayor problema por tratarse de la más utilizada en la industria alimentaria. Se considera que el contenido de prolaminas en el gluten es de alrededor del 50%. El gluten se obtiene cuando alguno de los cereales mencionados se utiliza para formar una masa de agua y harina. El producto resultante tiene una textura pegajosa y fibrosa, parecida a la del chicle, y el gluten es responsable de la elasticidad de la masa de harina, lo que permite que –junto con la fermentación– los panificados obtengan volumen y que panes y masas horneadas posean consistencia elástica y esponjosa. La celiaquía es considerada la enfermedad intestinal crónica más frecuente. Diferentes estudios realizados en nuestro país estiman que la padece 1 de cada 100 personas. La enfermedad puede presentarse en cualquier momento de la vida, y encontrarse asociada a otras enfermedades crónicas: diabetes, epilepsia, dermatitis herpetiforme, síndrome de Down, o trastornos autoinmunitarios como la artritis reumatoidea o la intolerancia a la lactosa, entre otras. Además, las personas que tienen antecedentes familiares de enfermedad celíaca presentan mayor riesgo de padecerla. La detección temprana y el tratamiento oportuno tienen gran importancia para evitar complicaciones secundarias de esta patología. El diagnóstico se realiza a través del dosaje de anticuerpos específicos en sangre y el definitivo con una biopsia intestinal que debe efectuarse antes de iniciar el tratamiento. Hasta hoy, el único tratamiento posible es una dieta estricta y de por vida sin TACC.

a. ¿Qué conocimientos del capítulo de nutrición les sirvieron para interpretar este texto?
b. Investiguen qué leyes están vigentes en nuestro país, relacionadas con los pacientes celíacos, y en qué medida se cumplimentan.
c. Verifiquen en los lugares donde realizan las compras habitualmente si existen opciones de alimentos aptos para celíacos.

4. Resuelvan el siguiente crucigrama.

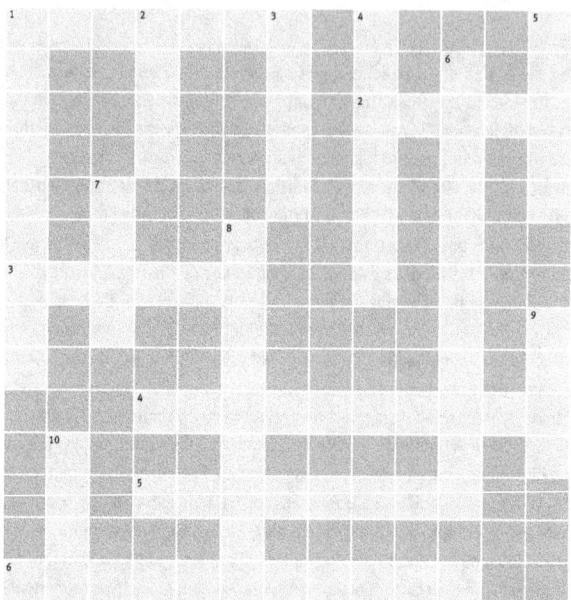

Horizontales

1. Monosacárido, principal combustible de las células.
2. Una de las porciones del intestino delgado.
3. Conducto por donde es expulsada la orina.
4. Uno de los pasos del proceso de excreción.
5. Nombre de las cavidades superiores del corazón.
6. Equilibrio del medio interno.

Verticales

1. Conjunto de capilares de cada neurona.
2. Nombre de las venas que llevan sangre desoxigenada desde el cuerpo al corazón.
3. Arteria que lleva sangre oxigenada desde el corazón hacia los órganos.
4. Enzima presente en la saliva.
5. Líquido que circula en el sistema linfático.
6. Pigmento que transporta el oxígeno en la sangre.
7. Sustancia de desecho del metabolismo de las proteínas.
8. Finos vasos en los que se produce la difusión de gases y nutrientes entre la sangre y las células.
9. Vasos dotados de válvulas que llevan la sangre hacia el corazón.
10. Mezcla de alimentos parcialmente digeridos y jugos gástricos formada en el estómago.

3

Transformaciones de materia y energía en los sistemas vivos

La materia no solo interactúa, también se organiza. Conocemos básicamente todas las leyes de interacción de la materia, pero no sabemos casi nada sobre sus leyes de organización.

Albert L. Lehninger (1917-1986)

LA NASA DESCUBRIÓ UNA BACTERIA QUE METABOLIZA EL ARSÉNICO

Se abren interrogantes acerca de la vida

En los sedimentos del lago Mono en el estado norteamericano de California, científicos estadounidenses hallaron una bacteria que se puede alimentar de arsénico, informaron los especialistas en la revista *Science*. "Esta investigación nos recuerda que la vida, tal como la conocemos, puede ser mucho más flexible de lo que suponemos normalmente o de lo que nos imaginamos", dijo Felisa Wolfe-Simon del Instituto de Astrobiología de la agencia espacial estadounidense.

Las bacterias metabolizan este metal pesado tóxico y lo incorporan en grasas, proteínas y hasta en su genoma, en lugar del fósforo. De esta manera, los científicos estadounidenses demostraron por primera vez que un componente central de todos los seres vivos puede ser reemplazado por otro elemento. "Si algo aquí en la Tierra puede hacer algo tan inesperado, ¿qué más puede hacer la vida, que no hayamos visto aún?", preguntó Felisa Wolfe-Simon del Instituto de Astrobiología de la agencia espacial estadounidense NASA en un comunicado de la Universidad Estatal de Arizona.

El fósforo, junto con el carbono, el hidrógeno, el nitrógeno, el azufre y el oxígeno, integra el grupo de seis elementos que son esenciales para la vida, al menos en la forma que es conocida hasta ahora.

El equipo encabezado por Wolfe-Simon se propuso como objetivo determinar si la vida también puede funcionar con otras sustancias. Los especialistas se concentraron en su estudio en el arsénico, porque desde el punto de vista químico es muy similar al fósforo. Justamente esta similitud es el motivo por el cual el arsénico es tan tóxico para la mayoría de los seres vivos. El metabolismo no puede diferenciar a ambos elementos en su forma biológica activa, por lo que el arsénico es asimilado en lugar del fósforo, haciendo que queden interrumpidos procesos bioquímicos fundamentales.

Wolfe-Simon y colegas cultivaron en el laboratorio bacterias halladas en el sedimento del lago Mono, muy salado y con gran cantidad de arsénico. Los expertos elevaron gradualmente la concentración del arsénico en el medio de cultivo, que carecía de fósforo. Al final del experimento quedó una especie de bacteria que podía sobrevivir en esas condiciones y hasta crecer. Los científicos identificaron a este organismo como perteneciente a la cepa GFAJ-1 de la familia de las halomonas. Los investigadores comprobaron que las bacterias usaban en su metabolismo el arsénico, con el que reemplazaban el fósforo faltante.

Página/12, jueves 2 de diciembre de 2010.

Lago Mono, California.

1. ¿Qué similitudes y diferencias químicas presentan el arsénico y el fósforo?
2. ¿Por qué les parece que es importante este descubrimiento?
3. ¿Qué características extremas presentaba el ambiente donde eran cultivadas estas bacterias?

Energía y transformaciones energéticas

La energía puede definirse como la capacidad para realizar trabajo, por ejemplo en el mundo físico este concepto se aplica a las centrales eléctricas o a los motores de los autos, en el mundo biológico lo podemos asociar con los motores celulares. La energía asociada con los enlaces químicos puede ser utilizada para sustentar el trabajo químico y el movimiento celular.

Los sistemas vivos poseen una cantidad de energía que no puede crearse ni destruirse (*primer principio de la termodinámica*), solo transformarse. Estas transformaciones están controladas por el segundo principio, que indica que al pasar de un tipo de energía a otra, se pierde parte de esta.

Las transformaciones energéticas están unidas a las transformaciones químicas que ocurren en la célula. El metabolismo es la actividad química total de un organismo y consiste en miles de reacciones químicas individuales.

La producción de energía, su almacenamiento y su utilización son fundamentales para la economía de la célula.

La energía que manejan los seres vivos se puede dividir en dos partes:

- **La energía capaz de producir trabajo**, llamada energía libre o entalpía libre, cumple con las funciones de organizar al individuo a lo largo del desarrollo, mantenerlo en su estado de composición y estructura constantes (teniendo en cuenta el flujo de materia y energía de los sistemas abiertos), estado que se denomina homeostasis, y permitir su reproducción.
- **La energía incapaz de producir trabajo**, llamada entropía.

La **primera ley de la termodinámica** dice que la energía no se crea ni se destruye. Puede cambiar de forma, pasar de un lugar a otro, o actuar sobre la materia de distintas formas. Sin embargo, independientemente de qué transferencias o transformaciones tengan lugar, no se da ninguna ganancia o pérdida sobre la energía total. La energía es simplemente transferida de una forma o lugar a otro. Cuando se enciende un fósforo, la  energía potencial perdida por los enlaces moleculares del compuesto inflamable de la cabeza del fósforo y la madera iguala a la energía cinética liberada en forma de calor.

 La **segunda ley de la termodinámica** establece que, a pesar de que la energía no puede ser creada ni destruida, cuando es convertida de una forma a la otra, algo de esta energía pierde su disponibilidad para realizar trabajo. Cuando se quema gas para calentar una olla y producir vapor, parte de la energía produce vapor, y parte se dispersa como calor en el aire de alrededor. En otras palabras, ningún proceso físico o reacción química es 100% eficiente y no toda la energía liberada puede ser convertida en trabajo. Parte de la energía se pierde en una forma de desorden. Por lo tanto aumenta la entropía.

Formas de energía

Hay dos formas principales de energía: cinética y potencial. La energía cinética es la energía del movimiento; por ejemplo el movimiento de las moléculas cuando chocan entre sí. La segunda forma de energía es la energía almacenada, o energía potencial, muy importante en los sistemas biológicos.

Energía cinética

El calor o **energía térmica** es una forma de energía cinética: la energía del movimiento de las moléculas. Para que el calor realice trabajo debe fluir desde una región de mayor temperatura (donde la velocidad promedio del movimiento de las moléculas es mayor) a otra de menor temperatura. Aunque pueden existir diferencias en la temperatura entre los ambientes externos e internos de las células, estos gradientes térmicos no suelen servir como fuente de energía para las actividades celulares. La energía térmica en los animales de sangre caliente, que han desarrollado un mecanismo para la termorregulación, es utilizada principalmente para mantener constante la temperatura del organismo. Esta es una función importante, dado que para muchas actividades celulares (como veremos más adelante) las velocidades son dependientes de la temperatura. Por ejemplo, enfriar células de mamíferos desde su temperatura corporal normal de 37 °C a 4 °C puede virtualmente congelar o detener muchos procesos celulares.

La energía **radiante** es la energía cinética de los fotones u ondas de luz, y es crítica para la biología. Esta energía puede convertirse en energía térmica; por ejemplo, cuando la luz es absorbida por las moléculas y la energía se convierte en movimiento molecular. Durante la fotosíntesis, la energía absorbida por las moléculas especializadas (los pigmentos fotosintéticos como la clorofila) es subsecuentemente convertida en la energía de los enlaces químicos.

La energía **mecánica**, una de las principales formas de energía cinética en la biología, suele ser el resultado de la conversión de la energía almacenada. Por ejemplo, los cambios en la longitud de los filamentos del citoesqueleto generan fuerzas que empujan o tiran de las membranas y los orgánulos.

La energía **eléctrica**, la energía del movimiento de electrones u otras partículas cargadas, es otra de las principales formas de energía cinética.

El oso polar utiliza varios recursos para poder conservar su energía térmica y mantener su calor corporal.

Observamos en esta foto la descarga de energía eléctrica del rayo.

Energía potencial

Para la biología tiene importancia fundamental la energía **química** potencial, la energía almacenada en los enlaces que conectan los átomos en las moléculas. La mayoría de las reacciones involucran la formación o ruptura de al menos un enlace covalente. Esta energía se reconoce cuando los compuestos químicos forman parte de reacciones liberadoras de energía. Por ejemplo, la elevada energía potencial de los enlaces covalentes de la glucosa puede ser liberada por combustión enzimática controlada en las células. Esta energía es aprovechada por las células para realizar diversas clases de trabajo.

Una segunda forma de energía potencial biológicamente importante es la energía del **gradiente de concentración**. Cuando la concentración de una sustancia a un lado de una barrera, como la membrana celular, es diferente de la del otro lado, existe un gradiente de concentración, entre los líquidos internos y externos, mediante el intercambio selectivo de nutrientes, productos de desechos e iones con el medio circundante.

Una tercera forma de energía potencial en las células es el **potencial eléctrico**: en las membranas de casi todas las células del organismo hay potenciales eléctricos. Algunas células como las nerviosas y musculares son excitables, es decir, capaces de generar impulsos electroquímicos rápidamente cambiantes en sus membranas. En casi todos lo casos estos impulsos se pueden utilizar para transmitir señales a lo largo de las membranas nerviosas o musculares.

Actividades

• Describan las formas de energía (en todas sus posibilidades) que se encuentran en una manzana en los siguientes procesos:

 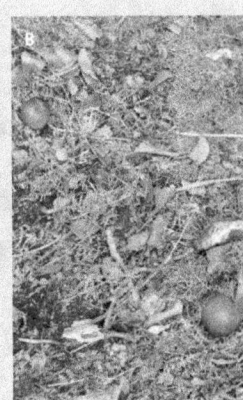 

a. mientras crece y madura en un árbol,
b. después de madura cae,
c. es comida y digerida por alguien.

Las uniones químicas como forma de almacenamiento y entrega de energía

¿Qué es una unión química? Dos o más átomos o moléculas se unen entre sí formando una especie química (molecular o no) mediante una fuerza denominada unión o enlace químico. Dicha unión tiene lugar siempre y cuando la sustancia formada sea más estable que los átomos que la constituyen, considerados individualmente. Cuando se forma una unión química estable se libera cierta cantidad de energía denominada *energía de enlace*.

Gilbert Lewis y Walter Kossel observaron que los gases nobles –cuya configuración electrónica externa, salvo el helio, contiene ocho electrones– no se combinaban con otras sustancias. Por esta razón, postularon que *un átomo se une a otro si, como resultado del enlace, logra obtener la configuración electrónica del gas noble más cercano*. Con esta regla fue posible explicar y representar las uniones de la gran mayoría de los elementos representativos.

Existen diversos tipos de uniones o enlaces químicos basados todos ellos en la estabilidad especial de la configuración electrónica de los gases nobles, tendiendo a rodearse de ocho electrones en su nivel más externo. Este octeto electrónico puede ser adquirido por un átomo de diferentes maneras:

- por enlace iónico.
- por enlace covalente.
- por enlace metálico.

Es importante saber que la regla del octeto es una regla práctica aproximada que presenta numerosas excepciones, pero que sirve para predecir el comportamiento de muchas sustancias.

En el año 1916, los químicos Gilbert Lewis (1875-1946) y Walter Kossel (1888-1956), intentando explicar la naturaleza de las uniones químicas, enunciaron que un átomo se une a otro si en ese proceso puede ganar, perder o compartir electrones hasta llegar a completar con ocho electrones su configuración electrónica externa. Si bien este postulado, la **Regla del Octeto**, presenta algunas limitaciones, le permitió al mismo Lewis representar simbólicamente las uniones químicas mediante esquemas muy sencillos.

Enlace iónico

Los iones forman enlaces por atracción eléctrica. Cuando un átomo es mucho más electronegativo que otro, puede ocurrir una transferencia completa de uno o más electrones. Por ejemplo:

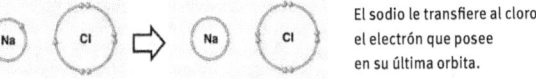

El sodio le transfiere al cloro el electrón que posee en su última orbita.

Si consideramos el sodio (negatividad = 0.9) y el cloro (negatividad = 3.1), un átomo de sodio tiene un solo electrón en la capa más externa, y esta condición, como vimos, es inestable. Un átomo de cloro posee 7 electrones en la capa más externa, otra condición inestable. Como la electronegatividad de estos elementos es tan distinta, cualquier electrón involucrado en formar enlaces tenderá a estar más cerca del núcleo del cloro, tan cerca que se da una transferencia completa del electrón de un elemento a otro.

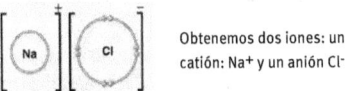

Obtenemos dos iones: un catión: Na^+ y un anión Cl^-

El resultado de esta reacción son dos iones. Los iones son partículas eléctricamente cargadas que se forman cuando los átomos ganan uno o más electrones o los pierden.

Enlace metálico

Es el tipo de enlace que se produce cuando se combinan entre sí los elementos metálicos; es decir, elementos de electronegatividades bajas (con uno o dos electrones libres en su última capa) y que se diferencien poco.

Los metales forman unas redes metálicas compactas; es decir, con elevado índice de coordinación, por lo que suelen tener altas densidades. Las redes suelen ser hexagonales y cúbicas.

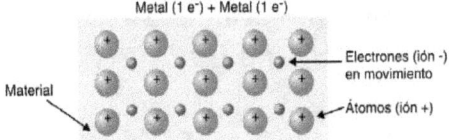

Metal (1 e⁻) + Metal (1 e⁻)

Material

Electrones (ión -) en movimiento

Átomos (ión +)

Actividades

• ¿Cuál es la principal característica de los gases nobles desde el punto de vista químico? Expliquen a qué se debe.

Enlace covalente

Los enlaces covalentes se producen cuando dos átomos comparten sus electrones para formar moléculas. Tienen lugar entre átomos de elementos con electronegatividad alta (no metales); los electrones son atraídos por más de un núcleo atómico. Un enlace covalente está representado por una línea entre los símbolos químicos de los átomos.

Un enlace en el cual se comparte un solo par de electrones se denomina simple (H-H), cuando comparten cuatro electrones (dos pares), el enlace se denomina doble (O=O). Los enlaces triples son raros, pero existe por ejemplo en el gas nitrógeno del aire $N\equiv N$.

Fórmula molecular	Fórmula de Lewis	Fórmula desarrollada
Cl_2O	:Cl : O : Cl:	Cl-O-Cl
Cl_2O_5	:O: :O: :O: Cl : O : Cl : O:	O←Cl-O-Cl→O
SO_3	:O: :O: S ::O:	O←S=O
N_2O_5	:O::N : O : N::O: :O: :O:	O=N-O-N=O

Como ya dijimos, la atracción de un tipo de átomo en particular por los electrones de un enlace covalente se denomina electronegatividad. Cuanto más electronegativo sea el átomo, más fuertemente atraerá a los electrones compartidos hacia él. En un enlace covalente entre dos átomos del mismo elemento, el resultado del "tira y afloja" para los electrones compartidos es un "empate", los dos átomos son igualmente electronegativos. Este enlace, en el cual los electrones se comparten de manera equitativa, es un enlace covalente no polar. Por ejemplo, el enlace covalente del H_2 es no polar, al igual que el doble enlace del O_2.

En los compuestos en los que un átomo se une a otro átomo más electronegativo, los electrones del enlace no se comparten equitativamente. Este tipo de enlace se denomina enlace covalente polar. Estos enlaces varían en su polaridad de acuerdo con la electronegatividad relativa de los dos átomos. Por ejemplo, los enlaces entre el oxígeno (muy electronegativo) y el hidrógeno de una molécula de agua son bastante polares.

Los enlaces covalentes son muy fuertes. La energía térmica que tienen las moléculas biológicas normalmente a la temperatura corporal es menor al 1% de la necesaria para romper enlaces covalentes. De esta manera las moléculas biológicas, muchas de las cuales se mantienen unidas por enlaces covalentes, son muy estables.

Actividades

• Señalen cuáles de las siguientes afirmaciones son verdaderas y cuáles son falsas:
  a. Los elementos que pueden formar enlaces covalentes se presentan en forma de átomos aislados.
  b. En el enlace iónico, los iones comparten electrones.
  c. Los átomos pueden compartir más de un par de electrones.
  d. Si un compuesto es gaseoso a temperatura ambiente, seguro que es covalente molecular.
  e. Las sustancias iónicas conducen siempre la electricidad.

Fuerzas intermoleculares

Son enlaces entre moléculas (y átomos de los gases nobles) capaces de modificar las propiedades de las sustancias, especialmente los puntos de fusión y ebullición.

Generalmente, las fuerzas intermoleculares son mucho más débiles que las intramoleculares. Así, por ejemplo, se requiere menos energía para evaporar un líquido que para romper los enlaces de las moléculas de dicho líquido.

Estas interacciones entre diferentes partes de una molécula grande mantienen las moléculas de importancia biológica con la forma exacta que requieren para desempeñar sus funciones. Por ejemplo, un gran número de interacciones no covalentes entre las cadenas de ADN establecen la estructura de doble hélice de esta molécula de gran tamaño. Sin embargo, las interacciones no covalentes individuales dentro del ADN son bastante débiles como para que sean vencidas en condiciones fisiológicas, lo cual hace posible la separación de las dos cadenas del ADN para copiarlos.

Las fuerzas intermoleculares pueden ser de dos tipos:

El **puente de hidrógeno** es un enlace de hidrógeno que se forma entre moléculas polares con hidrógeno unido covalentemente a un átomo pequeño muy electronegativo, como flúor, oxígeno o nitrógeno (F-H, O-H, N-H).

Los enlaces de hidrógeno tienen solamente una tercera parte de la fuerza de los enlaces covalentes, pero tienen importantes efectos sobre las propiedades de las sustancias en que se presentan, especialmente en cuanto a puntos de fusión y ebullición en estructuras de cristal

Las **fuerzas de Van der Waals** incluyen atracciones entre átomos, moléculas y superficies. Difieren del enlace covalente y del enlace iónico en que están causados por correlaciones en las polarizaciones fluctuantes de partículas cercanas. Las fuerzas intermoleculares tienen cuatro contribuciones importantes. En general, un potencial intermolecular tiene un componente repulsivo (que evita el colapso de las moléculas debido a que al acercarse las entidades unas a otras las repulsiones dominan). También tiene un componente atractivo que, a su vez, consiste de tres contribuciones distintas:

1. Las interacciones electrostáticas entre las cargas (en el caso de iones moleculares), dipolos (en el caso de moléculas sin centro de inversión), cuadrupolos (todas las moléculas con simetría menor a la cúbica), y en general entre multipolos permanentes.

2. La segunda fuente de atracción es la inducción (también denominada polarización), que es la interacción entre un multipolo permanente en una molécula, con un multipolo inducido en otra.

3. La tercera atracción suele ser denominada en honor a Fritz London que la denominaba dispersión. Es la única atracción experimentada por átomos no polares, pero opera entre cualquier par de moléculas, sin importar su simetría.

Moléculas transportadoras de energía

Los seres vivos, desde el organismo más simple hasta el más complejo, necesitan un aporte permanente de energía. Algunas reacciones producen energía, mientras que otras la consumen. ¿Cómo ocurre esa transferencia de energía entre distintos tipos de reacciones metabólicas? Usualmente, la energía liberada durante reacciones catabólicas se almacena en enlaces de alta energía de moléculas transportadoras. De esta manera, se producen compuestos que almacenan la energía en su estructura. El ATP (adenosín trifosfato) es la "moneda de energía" más frecuente en los seres vivos. Está compuesta por una base nitrogenada (adenina), un azúcar (ribosa) y tres grupos fosfato. Es un tipo de nucleótido que contiene enlaces fosfato de alta energía, y lábiles (que se rompen con facilidad y ceden su energía).

Estructura del ATP.

Una célula realiza tres tipos principales de trabajo:

Trabajo mecánico, como el batido o movimiento de los cilios y flagelos, la contracción de las células musculares y el movimiento de los cromosomas durante la reproducción celular.

Trabajo de transporte, como el bombeo de sustancias a través de la membrana celular contra la dirección de la concentración de sustratos (transporte activo a través de membranas).

Trabajo químico, como la activación de las reacciones endergónicas que no ocurrirían de manera espontánea, como la síntesis de polímeros (proteínas, glucógeno, etc.) a partir de monómeros (aminoácidos, glucosa, etcétera).

Una característica central de la forma en que las células manejan sus recursos energéticos para efectuar este trabajo es el acoplamiento energético, el uso de un proceso exergónico para conducir un proceso endergónico. El ATP es responsable de mediar la mayor parte del acoplamiento energético en las células y casi siempre actúa como la fuente inmediata de energía que impulsa el trabajo celular.

El ATP realiza trabajo

Cuando el ATP se hidroliza en un tubo de ensayo, la liberación de energía simplemente calienta el agua que lo rodea.

En un organismo, la misma generación de calor en ocasiones puede ser beneficiosa. Por ejemplo, la acción de temblar o tiritar (cuando la temperatura exterior es baja) emplea la hidrólisis del ATP que se produce durante la contracción muscular para generar calor y calentar al individuo. Sin embargo, en la mayoría de los casos, la generación de calor en las células, por si sola, sería un uso ineficiente (y potencialmente peligroso) de un recurso energético valioso.

En lugar de eso, con la ayuda de enzimas específicas la célula es capaz de acoplar la energía de la hidrólisis de ATP directamente a procesos endergónicos, transfiriendo un grupo fosfato del ATP a otra molécula, como el reactivo. Se dice que el receptor del grupo fosfato resulta fosforilado. La clave para acoplar las reacciones exergónicas y endergónicas es la formación de este intermediario fosforilado, que es más reactivo, es decir menos estable, que la molécula no fosforilada original.

La hidrólisis del ATP entrega ADP (adenosin difosfato) y un ion fosfato inorgánico (abreviado P, forma corta de HPO_4^{2-}) y energía libre o AMP (adenosin monofosfato) y otro ion fosfato libera grandes cantidades de energía, que es aprovechada por reacciones que la absorben para llevarse a cabo.

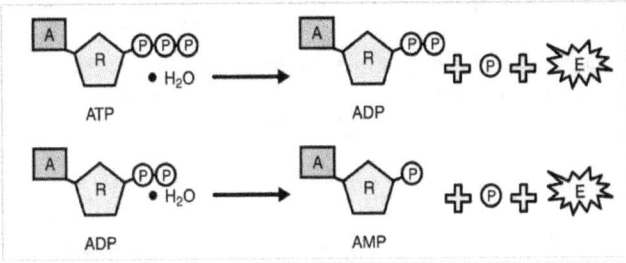

Hidrólisis del ATP.

Actividades

- La hidrólisis del ATP es exergónica porque produce energía libre. La reacción inversa, la formación de ATP, ¿qué tipo de reacción es?
- Nombren los reactivos y los productos de la reacción.

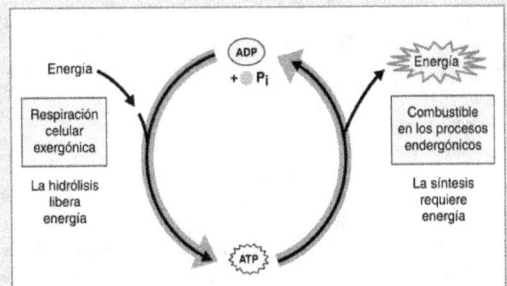

Concepto de alimento y nutriente

Los alimentos son sustancias necesarias para el mantenimiento de los fenómenos que ocurren en el organismo sano y para la reparación de las pérdidas que constantemente se producen en él. No existe ningún alimento completo, en nuestra dieta debemos incluir una diversidad de alimentos que hagan que esta sea lo suficientemente rica como para poder mantener funcionando de manera correcta nuestro organismo.

Que un alimento sea o no una buena fuente de nutrientes depende de:

- la cantidad de nutrientes presentes en el alimento. Los alimentos que contienen una gran cantidad de nutrientes con relación a su aporte de energía se denominan alimentos "ricos en nutrientes" o "de alta densidad de nutrientes". Son los alimentos más recomendables, pues ayudan a cubrir las necesidades nutricionales.
- la cantidad del alimento consumida normalmente.

El gráfico muestra la proporción de nutrientes presentes en diferentes alimentos. Las fibras son un tipo de glúcido presente en los vegetales.

El Código Alimentario Argentino (que es la normativa de referencia de nuestro país en el ámbito de los alimentos) define "alimento" como: *Toda sustancia o mezcla de sustancias naturales o elaboradas que, ingeridas por el hombre, aporta a su organismo los materiales y la energía necesarios para el desarrollo de sus procesos biológicos. Se incluyen en esta definición las sustancias o mezclas de sustancias que se ingieren por hábito, costumbre, tengan o no valor nutritivo.*

Los nutrientes son aquellos componentes de los alimentos que tienen una función energética, estructural o reguladora. En ellos encontramos distintos grupos:

- Hidratos de carbono (energéticos y estructurales).
- Lípidos (energéticos y estructurales).
- Proteínas (estructurales).
- Vitaminas y minerales (reguladora).
- Agua.

Actividades

- Investiguen:
  a. ¿Qué se entiende por alimentación saludable?
  b. ¿A qué se llama "enfermedades de la abundancia"?
  c. ¿A qué se llama "comida chatarra"?
  d. ¿Cuál es el efecto del consumo de comida chatarra en los niños y adolecentes?
  e. Utilizando la definición de alimento del Código Alimentario Nacional, ¿qué alimentos no aportarían los nutrientes necesarios?

El papel de las enzimas en los procesos metabólicos

Sacarosa (azúcar común)

6 CH₂OH

Alfa glucosa

Beta fructosa

Hidrólisis por acción de la enzima invertasa

Glucosa

Fructosa

La mayoría de las reacciones químicas requieren un ingreso inicial de energía para comenzar y desarrollarse. Aunque algunas reacciones espontáneas ocurren sin la necesidad de esta energía externa, esto puede ocurrir tan lentamente que resulte imperceptible (o muy lento). Esto es así aun para reacciones exergónicas (que liberan energía) como por ejemplo la hidrólisis de la sacarosa (el azúcar común) a glucosa y fructosa o la oxidación de la glucosa. Si dejamos un vaso con azúcar y agua estéril (esto nos permite analizar únicamente esta reacción), a temperatura ambiente, esta solución permanecerá años sin que se produzca hidrólisis apreciable. Sin embargo, si le agregamos a esta solución unas pequeñas gotas de un catalizador como la enzima sacarasa, toda la sacarosa se hidrolizará en segundos.

Las proteínas que conectan o rompen enlaces actúan como catalizadores moleculares. Un catalizador es un agente químico que acelera una reacción sin ser consumido por ella; una enzima es una proteína catalítica, es decir un biocatalizador, que acelera en varios órdenes de magnitud (1 en 1000, por ejemplo) el ajuste de un equilibrio de reacción químico y hace que procesos, que normalmente durarían una eternidad, tengan lugar en un instante.

Las enzimas están en el centro de cada proceso bioquímico. Actuando en secuencias organizadas, catalizan cientos de reacciones consecutivas mediante las que se degradan nutrientes, se conserva y transforma la energía química y se fabrican las macromoléculas biológicas a partir de precursores sencillos. A través de la acción de las enzimas reguladoras las rutas metabólicas están altamente coordinadas, proporcionando una armoniosa influencia recíproca entre la multitud de actividades diferentes que son necesarias para la vida.

Con la excepción de un pequeño grupo de moléculas de ARN catalítico, todas las enzimas son proteínas. Su actividad catalítica depende de la integridad de su conformación proteica nativa. Si se desnaturaliza o se disocia una enzima en sus subunidades, se pierde normalmente la actividad catalítica. Si se descompone una enzima en sus aminoácidos constituyentes siempre se destruye su actividad catalítica. Así, las estructuras primarias, secundarias, terciarias y cuaternarias de las proteínas enzimáticas son esenciales para su actividad catalítica.

Las enzimas como catalizadores biológicos

Principios importantes de los catalizadores:

1. Los catalizadores aceleran las reacciones.
2. Los catalizadores solo pueden acelerar reacciones que de todos modos serían espontáneas, aunque mucho más lentas.

Los catalizadores no se consumen en las reacciones que promueven. Por más reacciones que aceleren, los catalizadores mismos no sufren ningún cambio permanente.

Algunas reacciones exergónicas ocurren de manera muy rápida; otras son muy lentas. Las células vivas enfrentan esta variabilidad usando catalizadores biológicos para incrementar la velocidad de casi todas las reacciones químicas.

Pero para que algunas reacciones se produzcan se debe superar una barrera energética. Pensemos en el fuego que producimos en una hornalla de la cocina:

La combustión del gas butano (butano + $O_2 \longrightarrow CO_2 + H_2O$) es una reacción exergónica ya que libera calor y luz. Una vez iniciada, la reacción se completa, todo el butano se convierte en dióxido de carbono y agua. Pero esta reacción no ocurre de manera espontánea, no se produce simplemente mezclando o exponiendo el butano al oxígeno. La hornalla se encenderá y el butano comenzará a quemarse únicamente si se le acerca una chispa (una pequeña entrada de energía). La necesidad de una chispa para iniciar la reacción demuestra que existe una barrera de energía o umbral que debe ser superado entre los reactivos y los productos.

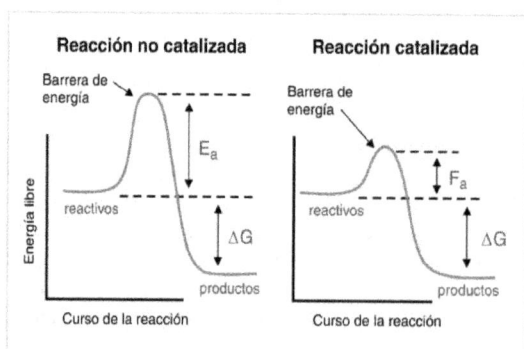

Evolución energética de una reacción química. Se observa la diferencia energética entre los estados de transición de las reacciones catalizada y no catalizada.

Las enzimas forman complejos con sus sustratos. La unión de un sustrato con su enzima en el centro activo se llama "complejo enzima-sustrato". Una ecuación genérica para la formación del complejo puede formularse:

$$E + S \longleftrightarrow ES \longleftrightarrow E + P$$

Las enzimas no cambian la constante de equilibrio de una reacción. Keq depende sólo de la diferencia entre los niveles de energía de los reactivos y los productos (DG).

Modelos de acción enzimática

La especificidad de las enzimas es muy importante para los seres vivos. Cada célula contiene varios cientos de miles de compuestos diferentes, y existen muchas combinaciones posibles entre las reacciones químicas que estos compuestos pueden experimentar. Las enzimas cuidan de que tengan lugar, de manera específica, aquellas reacciones que son esenciales e indispensables para que la célula viva.

Además de la especificidad y la alta eficiencia, otras dos características que diferencian a las enzimas de los catalizadores químicos, son que las enzimas pueden saturarse por sustrato y tienen capacidad para regular su actividad.

Para explicar la actividad catalítica de las enzimas, se ha propuesto un mecanismo general, en dos etapas:

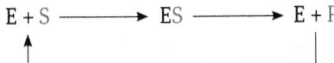

$$E + S \longrightarrow ES \longrightarrow E + P$$

En la primera etapa, la enzima (E) se une a la molécula de sustrato (S), para formar el complejo enzima-sustrato (ES). En una segunda etapa, el complejo se fragmenta dando lugar al producto (P) y a la enzima (E), que vuelve a estar disponible para reaccionar con otra molécula de sustrato.

Por lo general, la molécula de enzima es mucho mayor que la del sustrato por lo que sólo una pequeña parte de la enzima está implicada en la formación del complejo; esta región que interactúa con el sustrato y en la que tiene lugar la reacción se denomina sitio activo de la enzima. El sitio activo es un dominio tridimensional de la enzima con una distribución de los grupos única para posibilitar la unión específica a su sustrato específico. Dichos grupos de la enzima no tienen por qué ser necesariamente consecutivos en la secuencia de la proteína e incluso pueden pertenecer a distintas cadenas de péptidos y reciben el nombre de centros catalíticos.

Actividades

• El sitio activo de las enzimas está íntimamente relacionado con la estructura terciaria y cuaternaria de las proteínas. Piensen una hipótesis sobre los cambios que puedan ocurrir en este sitio utilizando sus conocimientos anteriores sobre mutaciones en el ADN.

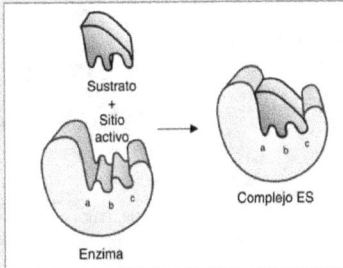

El modelo más conocido sobre el mecanismo de reacción de las enzimas es el **Modelo llave-cerradura de Fischer**, quien propuso que la molécula de sustrato se adapta al centro activo de la enzima del mismo modo que lo haría una llave al encajar en una cerradura, es decir, que tienen una relación estructural complementaria.

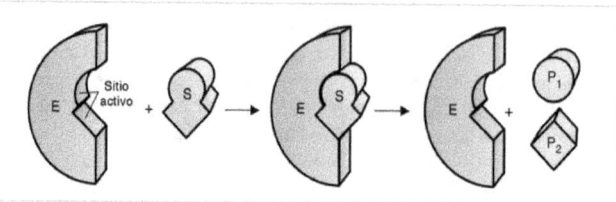

Modelos de acción enzimática. Modelo llave-cerradura de Fischer.

No obstante, esta hipótesis tiene ciertas limitaciones, así si el centro activo posee una estructura prediseñada para el sustrato, en caso de que sea un proceso reversible, dicho sitio activo también debería estar perfectamente diseñado para que encaje el producto de la reacción. De la misma forma, la teoría de la llave-cerradura tampoco explica bien algunos fenómenos de inhibición enzimática.

Otra hipótesis más aceptada actualmente es la de la **enzima flexible o de ajuste inducido (modelo de Koshland)**, que sugiere que el sitio activo no necesita ser una cavidad geométricamente rígida y preexistente, sino que dicho sitio activo debe tener una disposición espacial, precisa y específica, de ciertos grupos de la enzima que al interaccionar con el sustrato se adaptan y ajustan a su estructura.

Previo a la interacción con el sustrato, el sitio activo de la enzima se encuentra en una forma relajada pero capaz de reconocer específicamente a su sustrato. Al producirse la interacción, el sustrato induce un íntimo ajuste con el sitio activo. Esta reacomodación del sitio activo provoca una tensión en la molécula del sustrato que facilita la reacción. Finalmente, los productos se liberan.

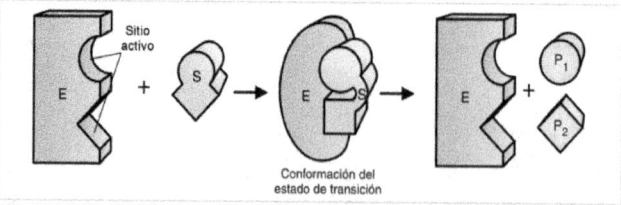

Modelos de acción enzimática. Modelo de ajuste inducido de Koshland.

Independientemente del modelo, una vez formado el complejo enzima sustrato, mediante un mecanismo de distorsión, se activan los enlaces que hay que romper y se aproximan los grupos que hay que enlazar, favoreciendo la formación del producto resultante de la reacción catalizada y quedando la enzima libre para comenzar de nuevo el proceso catalítico.

1. En este momento están comenzando a resolver estos ejercicios, y en su cuerpo están ocurriendo distintos tipos de conversiones energéticas. Traten de enumerarlas.

¿Cambiaría en algo si, además, estuvieran comiendo una manzana?

2. Unos científicos aislaron y purificaron una enzima proteolítica, y analizaron su actividad enzimática en función de la temperatura y concentración de sustrato, realizando los siguientes gráficos:

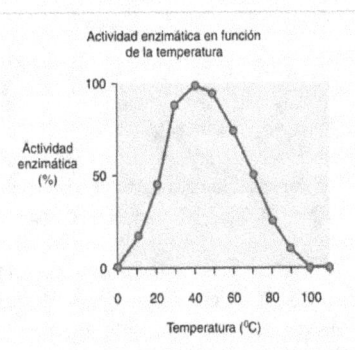

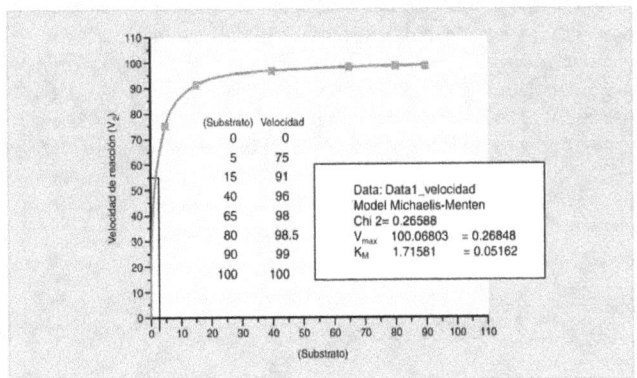

Indiquen cuáles de estas afirmaciones son correctas:

- **Teniendo en cuenta el primer gráfico, se puede decir que el aumento de la temperatura...**
  - a. no influye en las reacciones catalizadas por las enzimas.
  - b. influye aumentando la velocidad de las reacciones catalizadas por la enzima, cuando no excede la temperatura óptima.
  - c. disminuye la velocidad de las reacciones catalizadas por la enzima.
  - d. actúa inhibiendo la actividad enzimática ya que produce su desnaturalización.
- **El gráfico de la figura dos representa la variación de la velocidad de una reacción enzimática en función de la concentración de sustrato. Esto nos demuestra que...**
  - a. la velocidad de una reacción enzimática es proporcional a la concentración de sustrato.
  - b. la relación entre la concentración de sustrato y la velocidad es una reacción hiperbólica.
  - c. entre la enzima y el sustrato se forma un complejo enzima-sustrato.

3. En la carpeta y en grupos armen una posible hipótesis que explique el modo de acción de las enzimas en función de la temperatura y la concentración de sustratos.

4. La actividad de algunas enzimas depende solamente de su estructura como proteína, mientras que otras necesitan, además, uno o más componentes no proteicos, llamados **cofactores**. El cofactor puede ser un *ion metálico* o bien una molécula orgánica, llamada *coenzima*, aunque algunas enzimas necesitan de ambos. Investiguen sobre cuáles pueden ser estos cofactores y su relación con la deficiencia de algunas vitaminas.

5. Como vimos en el texto las enzimas son proteínas con una configuración determinada que presenta un sitio activo. Los **inhibidores enzimáticos** son moléculas que se unen a enzimas y disminuyen su actividad. Puesto que el bloqueo de una enzima puede matar a un organismo patógeno o corregir un desequilibrio metabólico, muchos medicamentos actúan como inhibidores enzimáticos. También son usados como herbicidas y pesticidas. La unión de un inhibidor puede impedir la entrada del sustrato al sitio activo de la enzima y/u obstaculizar que la enzima catalice su reacción correspondiente. ¿Qué características les parece que deben ser requeridas para que un inhibidor enzimático pueda ser usado de manera comercial como antibiótico o pesticida?

4

Principales procesos de obtención y aprovechamiento de la energía química

Soy de las que piensan que la ciencia tiene una gran belleza. Un sabio en su laboratorio no es solamente un teórico. Es también un niño colocado ante los fenómenos naturales que le impresionan como un cuento de hadas.

Marie Curie
(7 de noviembre de 1867 - 4 de julio de 1934.)

La vida pudo originarse en el fondo del mar

Encuentran indicadores que parecen demostrar que la vida en la Tierra se pudo originar en el fondo del mar.

Científicos de la Universidad de Saint Louis y de la Universidad de Pekín publicaron en *Gondwana Research* un artículo que puede ayudar a entender el origen de la vida sobre la Tierra.

Hace unos dos años Timothy Kusky, Paul C. Reinert y Jianghai Li excavaron muchas chimeneas hidrotermales fosilizadas en el norte de China. Desde entonces han estado analizando las muestras en varios laboratorios. Los resultados apoyan la idea de que la vida se pudo originar en el fondo del océano, desarrollarse allí y extenderse después a otros lugares.

En la actualidad hay chimeneas hidrotermales en el fondo marino. Rutinariamente son exploradas con sumergibles en busca de seres vivos únicos que incluso pueden constituir su propio *phylum* de organización y ser muy primitivos. Los seres vivos que allí medran viven casi desconectados de la luz del sol. La cadena trófica de esos sitios está basada en reacciones químicas de las sustancias que expulsan las fuentes.

Las chimeneas hidrotermales fósiles pueden por tanto proporcionar pistas sobre las formas de vida más primitiva. Las halladas en China tienen 1430 millones de años, mucho más antigua que la anterior marca mundial de 500 millones de años. Además los fragmentos más grandes miden hasta un metro de longitud, en comparación con los pocos centímetros de los casos anteriores.

El tamaño grande de los restos permite entender mejor la interacción entre los procesos de la fuente hidrotermal y la vida de aquella época. Estos investigadores descubrieron un tipo de microorganismo fósil que vivía de los sulfuros metálicos. Es la primera vez que se demuestra que este ser vivía en chimeneas hidrotermales tan antiguas.

Este resultado sugiere que la vida pudo desarrollarse en estas fuentes hidrotermales y mantenerse a salvo allí hasta que las condiciones fueron las idóneas para migrar a otros lugares.

Saint Luis University, 24 de julio de 2007

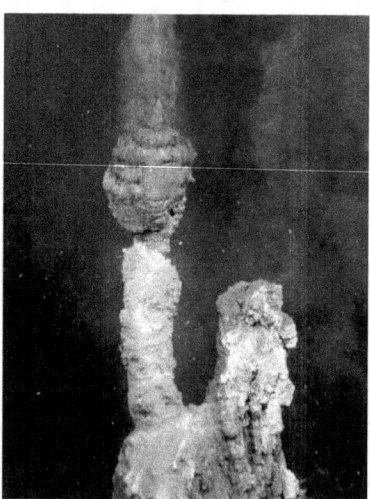

Las chimeneas hidrotermales son grietas en la corteza terrestre por las que fluye agua que ha entrado en contacto con el magma caliente.

1. ¿Qué características extremas presentan estas chimeneas para la vida?
2. Discutan con sus compañeros que teorías sobre el origen de la vida conocen.

Metabolismo celular

La totalidad de las reacciones químicas de un organismo se conocen como metabolismo (del griego *metabole*, cambio). El metabolismo es una propiedad emergente de la vida que surge de las interacciones de las moléculas dentro del ambiente organizado de la célula.

El metabolismo celular es la suma de los procesos físicos y químicos que ocurren en la célula, por estos procesos la célula obtiene y usa materia y energía para realizar trabajos, automantenerse y reproducirse.

Está integrado por numerosas reacciones individuales que, por lo general, son catalizadas por enzimas. Estas reacciones interactúan en un circuito complejo, mantenido y controlado por diversos mecanismos de regulación.

El reconocimiento de las estructuras en las que ocurren las transformaciones metabólicas y la identificación de las enzimas –sustancias que favorecen las reacciones químicas dentro de los organismos– hicieron pensar que cada estructura celular posee ciertas enzimas y no otras. Dado que cada enzima es específica, es decir, interviene favoreciendo solo un tipo de reacción, se supone que en cada estructura celular ocurren ciertas transformaciones y no otras.

El término "propiedad emergente" en general se refiere a aquellas propiedades de un sistema que son distintas de las propiedades de los componentes individuales y que resultan de las interacciones entre sus partes. Cada nivel de organización incluye los niveles inferiores y constituye, a su vez, la base de los niveles superiores. Y lo que es más importante, cada nivel se caracteriza por poseer propiedades específicas y características que emergen en ese nivel y no existen en el anterior: las propiedades emergentes.

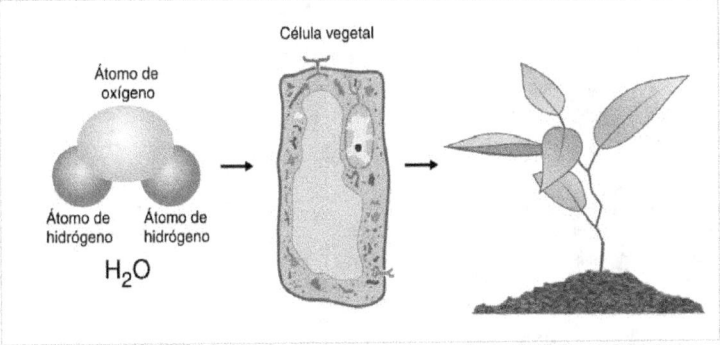

Célula vegetal

Átomo de oxígeno

Átomo de hidrógeno   Átomo de hidrógeno

H_2O

Así, una molécula de agua tiene propiedades diferentes de la suma de las propiedades de sus átomos constitutivos –hidrógeno y oxígeno–. De la misma manera, una célula cualquiera tiene propiedades diferentes de las de sus moléculas constitutivas, y un organismo multicelular dado tiene propiedades nuevas y diferentes de las de sus células constitutivas.

Las reacciones metabólicas

Las reacciones metabólicas son de dos tipos:

- **Catabólicas:** son reacciones de degradación de moléculas relativamente complejas (aminoácidos, monosacáridos, lípidos, polisacáridos), procedentes del medio extracelular de depósitos de reserva propios; esas sustancias son transformadas en moléculas más sencillas (amoníaco, dióxido de carbono, agua, acido acético). Estas reacciones son, generalmente, de naturaleza oxidativa. Como las moléculas complejas poseen una cierta cantidad de energía en sus enlaces, la degradación de estas libera esa energía almacenada, por lo tanto estas reacciones son de tipo exergónico. El conjunto de las reacciones catabólicas reciben el nombre de *catabolismo*.

La respiración celular, es un ejemplo de proceso catabólico. En él se degradan las moléculas de glucosa y se obtiene dióxido de carbono, una molécula más sencilla, y se libera la energía contenida en los enlaces de la glucosa.

- **Anabólicas:** son reacciones de síntesis de moléculas relativamente complejas (proteínas, polisacáridos, ácidos nucleicos, lípidos) y de sus monómeros (aminoácidos, monosacáridos, nucleótidos) a partir de moléculas más sencillas (nitratos, dióxido de carbono, agua). Por lo general estas reacciones son de naturaleza reductiva. Además necesitan energía para producirse, por lo tanto son endergónicas. El conjunto de reacciones anabólicas se denomina anabolismo.

La fotosíntesis es un proceso anabólico, la célula construye hidratos de carbono uniendo moléculas sencillas, como el dióxido de carbono, más el aporte de la energía para la formación de esas nuevas moléculas.

Dentro de una célula, estos dos tipos de reacciones ocurren de manera interdependiente o complementaria, aunque el balance es distinto dependiendo de la etapa del ciclo vital en que se encuentre el organismo.

Actividades

- El balance del metabolismo hacia el anabolismo o catabolismo tiene que ver con el ciclo vital de las células. Expliquen, a partir de este esquema resumido del metabolismo, en qué etapa del ciclo se inclina más hacia la derecha o la izquierda.
- Expliquen las funciones que cumplen las sustancias que sirven de alimento para las células.
- Armen el esquema presentado utilizando los siguientes términos: aminoácidos, amoníaco, proteínas, nitratos, pescado.

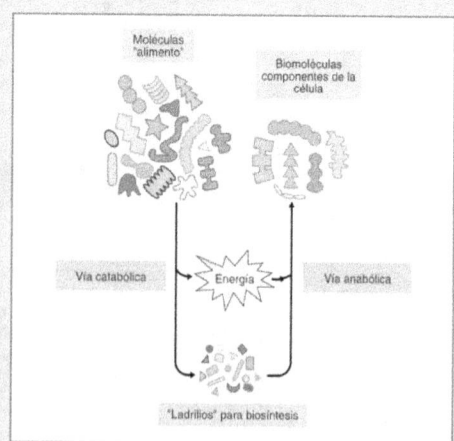

La membrana plasmática

Para comenzar a entender de qué manera se alimenta una célula tenemos que conocer cuáles son las barreras que el alimento debe atravesar. Una barrera común a todos los tipos de célula es la membrana plasmática.

La membrana plasmática es el límite de la vida, la frontera que separa la célula viva del medio inerte. Se trata de una película de solamente 8 mm de espesor. Las células eucariotas contienen, además, membranas internas que delimitan las organelas como los cloroplastos, mitocondrias, lisosomas, etcétera. Esta membrana presenta una permeabilidad selectiva, es decir, permite que ciertas sustancias la atraviesen con mayor facilidad que otras. La capacidad de la célula de discriminar sus intercambios químicos con su entorno es fundamental para la vida, y la membrana plasmática y las moléculas que la componen son las que hacen posible esta selectividad.

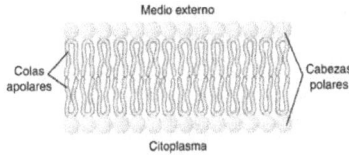

La membrana celular está formada por una capa doble (bicapa) de fosfolípidos, proteínas y carbohidratos. Cada fosfolípido está compuesto por glicerol, ácidos grasos y fosfato, que en conjunto crean una barrera hidrofóbica entre los compartimientos acuosos de la célula.

Las proteínas permiten el paso de moléculas hidrofílicas a través de la membrana, determinan las funciones específicas de esta e incluyen bombas, canales, receptores, moléculas de adhesión, transductores de energía y enzimas. Las proteínas periféricas están asociadas con las superficies, mientras que las integrales están incrustadas en la membrana y pueden atravesar completamente la capa doble. La función de los carbohidratos adheridos a las proteínas (glucoproteínas) o a los fosfolípidos (glucolípidos) es la de adhesión y comunicación intercelular. El colesterol, que es un esteroide (lípido), determina la fluidez de la membrana.

En este modelo de mosaico fluido, la membrana es una estructura fluida con un mosaico de varias proteínas embebidas en fosfolípidos o adheridas a su bicapa.

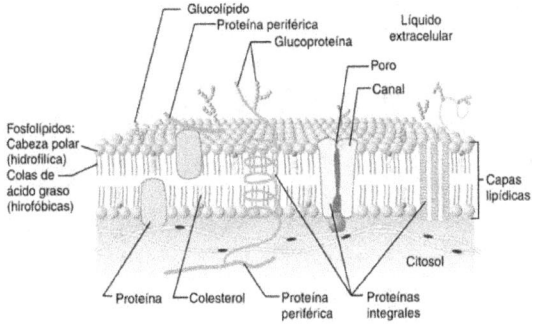

El transporte a través de la membrana

Los mecanismos por los cuales las sustancias pueden atravesar la membrana dependen de la estructura de esta y de las sustancias químicas que entran y salen. Los dos tipos básicos de transporte son el transporte pasivo y el transporte activo.

Transporte pasivo

Los procesos pasivos incluyen diferentes tipos de difusión:

- **Difusión simple a través de la bicapa fosfolipídica**

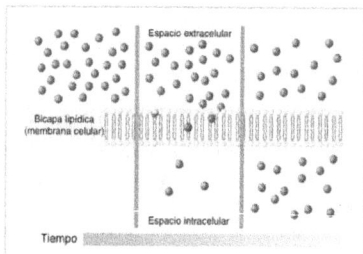

Cuando una sustancia está más concentrada en una cara de la membrana que en la otra, hay una tendencia de las sustancias de difundirse a través de la membrana a favor de su gradiente de concentración.

- **Difusión facilitada a través de los canales proteicos o mediante moléculas trasportadoras**

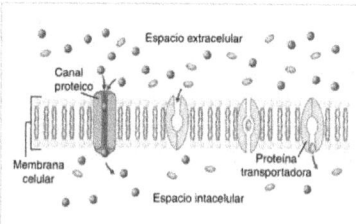

La difusión facilitada involucra el uso de una proteína para propiciar el movimiento de moléculas a través de la membrana. En algunos casos, las moléculas pasan a través de canales con la proteína. En otros casos, la proteína cambia su forma, permitiendo que las moléculas pasen a través de ella.

- **Ósmosis**

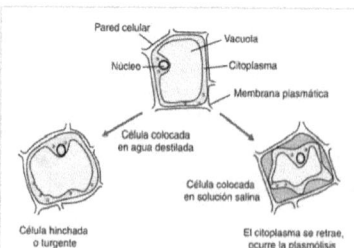

La ósmosis es un tipo especial de transporte pasivo en el cual solo las moléculas de agua son transportadas a través de la membrana. El movimiento de agua se realiza desde un punto en que hay mayor concentración de ella a uno de menor concentración para igualar concentraciones.

Transporte activo

Este mecanismo permite a la célula transportar sustancias disueltas a través de su membrana desde regiones de menor concentración a otras de mayor concentración. Es un proceso que requiere energía y siempre está mediado por una proteína transportadora.

Comúnmente se observan tres tipos de transportadores:

- Uniportadores: son proteínas que transportan una molécula en un solo sentido a través de la membrana.
- Antiportadores: incluyen proteínas que transportan una sustancia en un sentido mientras que simultáneamente transportan otra en sentido opuesto.
- Simportadores: son proteínas que transportan una sustancia junto con otra, frecuentemente un protón (H+).

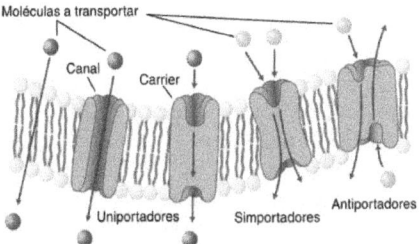

Un ejemplo común de este tipo de transporte activo son las bombas de sodio y potasio, que utilizan la energía proveniente de la hidrólisis del ATP. Son las encargadas de transportar los iones potasio hacia el interior de las células y al mismo tiempo bombean iones sodio desde el interior hacia el exterior de la célula (por cada tres iones Na^+ transportados se transportan dos K^+). Como consecuencia, el potencial de cargas diferencial se aprovecha para co-transportar activamente otras moléculas, por ejemplo, la glucosa.

Este tipo de transporte también se denomina *transporte acoplado* a gradientes iónicos o *transporte activo secundario* (ya que indirectamente está ligado a una bomba).

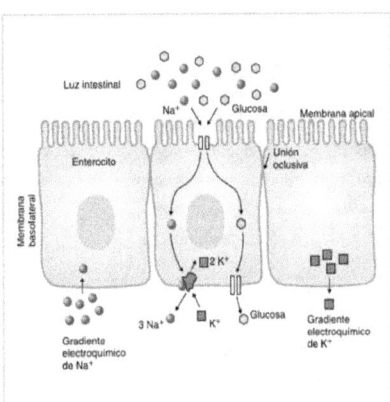

Mecanismo de co-transporte Na^+/glucosa en epitelio intestinal. Esta situación se da en las membranas apicales de las células del intestino delgado donde deberá absorberse glucosa desde la luz del intestino, aunque las concentraciones extracelulares sean bajas. Gracias a la acción de la bomba Na^+-K^+ se expulsan iones Na^+ a través de la membrana de la célula. De este modo, la concentración de Na^+ intracelular se mantiene baja. En la región apical de la membrana se encuentra una proteína co-transportadora de Na^+ y glucosa. El Na^+ ingresa de este modo, a favor de su gradiente electroquímico, al interior de la célula y arrastra a la glucosa con él, que ingresa de este modo en contra de su gradiente de concentración.

Transporte en masa

Es el mecanismo por el cual las macromoléculas o partículas grandes se introducen o expulsan de la célula. Este tipo de transporte involucra siempre gasto de ATP, ya que la célula realiza un movimiento general de su estructura.

El mecanismo por medio del cual los materiales entran a la célula se denomina *endocitosis* y aquel por el cual la abandonan, *exocitosis*.

* Endocitosis

En este proceso una extensión de la membrana rodea progresivamente al material que será internalizado, luego se produce una invaginación de la membrana, y finalmente esta se separa de la membrana, formando una vesícula endocítica. Posteriormente, el material incorporado es digerido por los lisosomas. Se distinguen 3 tipos de endocitosis:

a) **Fagocitosis:** implica la ingestión de partículas de gran tamaño, como microorganismos, restos celulares, inclusive de otras células, por medio de vesículas llamadas fagosomas. La fagocitosis solo se da en determinados tipos de células.

b) **Pinocitosis:** es la incorporación de fluido y de partículas disueltas en él por medio de pequeñas vesículas. Es un proceso inespecífico y la velocidad de ingestión es muy elevada. Por ejemplo, un macrófago puede ingerir por hora un cuarto de su volumen celular. El tamaño de estas vesículas endocíticas es mucho menor que el de los fagosomas.

c) **Endocitosis mediada por receptor:** en muchos aspectos es similar a la anterior, salvo que

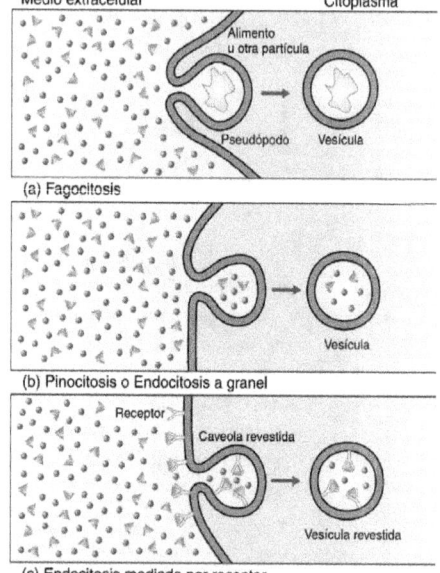

(a) Fagocitosis

(b) Pinocitosis o Endocitosis a granel

(c) Endocitosis mediada por receptor

en este proceso, la endocitosis es mucho más selectiva. Determinadas moléculas (ligandos) que la célula desea incorporar son reconocidos por receptores específicos, ubicados en la membrana plasmática. Los ligandos se unen a estos receptores y estos complejos ligando-receptor confluyen, gracias a la fluidez de la membrana, a determinadas zonas de la misma, donde serán endocitados.

* Exocitosis

Es el proceso inverso a la endocitosis. En este caso, material contenido en vesículas intracelulares –también llamadas vesículas de secreción– es vertido al medio extracelular.

Alimentación en células autótrofas y heterótrofas

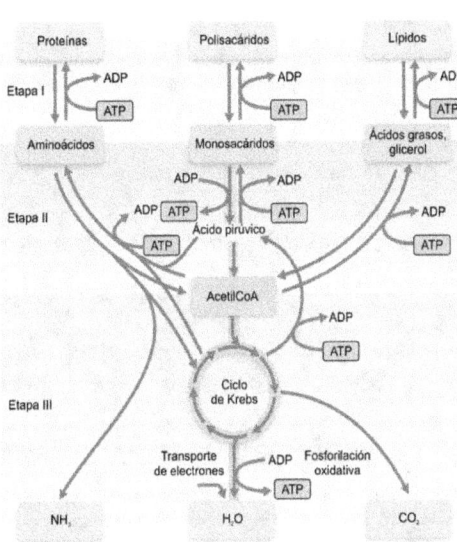

Todas las células presentan reacciones catabólicas y anabólicas de manera permanente y simultánea. Por medio de estas reacciones se obtiene y consume energía y se degradan y sintetizan moléculas.

Existen muchas similitudes en el metabolismo de las células autótrofas y heterótrofas, pero se diferencian en la manera en la que obtienen las macromoléculas que utilizan como fuente de energía y como material de síntesis, es decir, el modo en que se alimentan.

En el gráfico se observan las fases del anabolismo (desde la etapa III hasta la I) y el catabolismo (a la inversa).

Actividades

- Observen las dos células presentadas y marquen cuáles son las diferencias y similitudes que encuentran.
- ¿La energía se obtiene de igual manera?
- Son dos células distintas. ¿Cuál es la autótrofa y por qué?

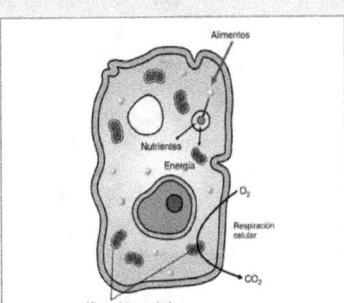

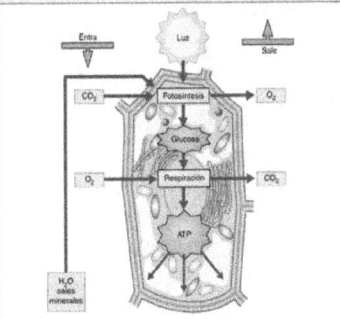

Procesos de fabricación de materia: la fotosíntesis

Se cree que hace aproximadamente 3400 millones de años surgieron en la Tierra los organismos fotosintéticos. Hasta ese momento la atmósfera carecía de oxígeno gaseoso (O_2). La conversión gradual de la atmósfera hacia el estado oxidante actual, a medida que se fueron multiplicando los organismos autótrofos, permitió el surgimiento del metabolismo aerobio y la evolución de otros seres vivos que hoy en día habitan la Tierra.

Los organismos capaces de obtener materia a través de la fotosíntesis son las plantas, las algas y las cianobacterias.

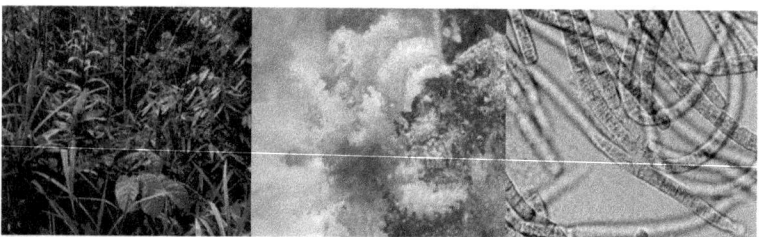

Los organismos autótrofos (de *auto*: uno mismo; y *trofos*: alimentarse) viven en todos los ambientes. En los dibujos vemos plantas en la selva, algas en cursos de agua y cianobacterias formando parte del fitoplancton.

A nivel celular la fotosíntesis es un proceso anabólico que se produce en los cloroplastos. En este proceso la energía lumínica es transformada en energía química. Esta energía se almacena en las sustancias orgánicas que la célula sintetiza a partir de moléculas sencillas que incorpora del ambiente que lo rodea.

Etapas de la fotosíntesis

La fotosíntesis es un proceso biológico complejo en el que pueden diferenciarse dos fases, la primera llamada fotoquímica o de foto-absorción, donde la energía lumínica se convierte en energía química, y la etapa biosintética, donde la materia inorgánica se convierte en materia orgánica.

Etapa de foto-absorción: ocurren los procesos de absorción y conversión de energía. La energía de la luz es captada por un sistema especializado de pigmentos y transformada en energía química (ATP) y en poder reductor

(NADPH). Esta etapa ocurre en las membranas tilacoidales de los cloroplastos.

1. Los pigmentos fotosintetizadores absorben la energía luminosa y la transmiten a los centros de reacción de los dos fotosistemas. El par especial de clorofilas se excita y desencadena el transporte de electrones a través de la cadena presente en la membrana tilacoidal.

2. En el interior del tilacoide hay moléculas de agua, que en estrecha relación con el Fotosistema II, ceden sus electrones a la cadena de transporte al sufrir una ruptura molecular.

Como resultado de la fotolisis del agua, también se libera O_2 a la atmósfera.

$$2H_2O \longrightarrow O_2 + 4H^+ + 4e^-$$

3. Los electrones liberados son aceptados y luego cedidos por proteínas de membrana (cadena de electrones) hasta llegar al fotosistema ll. Allí, la enzima NADP reductasa los utiliza para convertir $NADP^+$ en NADPH.

$$2NADP^+ + 4e^- + 4H^+ \longrightarrow 2\,NADPH + 2\,H^+$$

4. El transporte de electrones está acoplado a la síntesis de ATP. A medida que los electrones fluyen por la cadena van decreciendo en su nivel energético. En

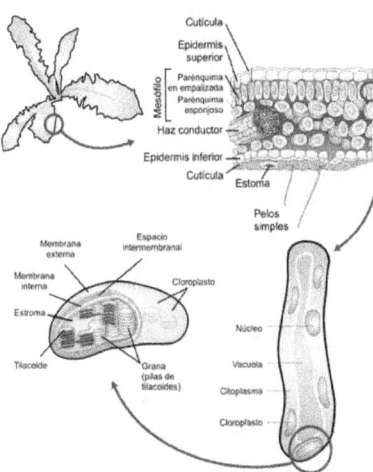

ciertos puntos de la cadena la energía liberada se utiliza para "bombear" protones desde el estroma al lumen tilacoidal. De esta forma, en la fotosíntesis se genera un gradiente de protones a través de la membrana tilacoidal. Este potencial es utilizado como fuerza protón-motriz, es decir, los protones vuelven del lumen al estroma a favor de gradiente a través del complejo enzimático ATP sintasa. La energía del flujo de protones a través de la ATP sintasa se traduce en la síntesis de ATP. Finalmente los electrones son cedidos al $NADP^+$ (un transportador de poder reductor), que se encuentra del lado del estroma.

5. Durante la etapa de foto-absorción se produce ATP y NADPH hacia el estroma del cloroplasto, que es donde ocurrirá la segunda etapa de la fotosíntesis.

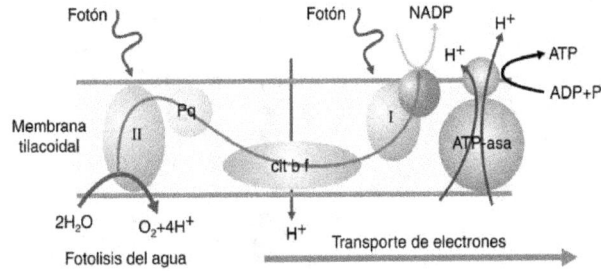

Actividades

- Investiguen:
  a. ¿Cómo se clasifican las células de los organismos presentados en los dibujos anteriores?
  b. ¿Cuál es el pigmento que les da color verde?
  c. ¿Existe algún otro pigmento fotosintético?

Etapa de foto-asimilación: ocurren los procesos de captura y asimilación de los elementos constitutivos de la materia orgánica. La ATP y el NADPH formados durante el transporte de electrones se utilizan en la reducción del CO_2 a glucosa. La incorporación de CO_2 en compuestos orgánicos se conoce como fijación del carbono y ocurre en forma cíclica (ciclo de Calvin). En las plantas verdes, el CO_2 llega a las células fotosintéticas a través de aberturas especializadas llamadas estomas.

Esta etapa ocurre en el estroma del cloroplasto, y es el primer paso en la producción de biomasa. Los primeros productos de la asimilación son azúcares de tres carbonos, que posteriormente se transforman en azúcares sencillos (glucosa y fructosa) o más complejos como la sacarosa y el almidón.

En 1961, el químico Melvin Calvin obtuvo el Premio Nobel de Química por sus investigaciones sobre la ruta del carbono en la fotosíntesis, dando origen al ciclo de Calvin y Benson, llamado así en honor a los investigadores que lo estudiaron. Este ciclo de Calvin se divide en tres fases:

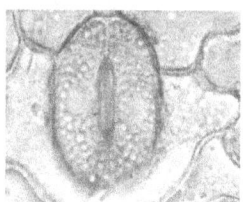

Estoma de la hoja con el ostíolo en el centro, observado con MEB.

1. Fijación del CO_2: Durante esta etapa se incorpora (fija) el CO_2 en la ribulosa-1,5-bifosfato (RuBP). Esta reacción es catalizada por la enzima más abundante de la biosfera y una de las más importantes: la RUBISCO (ribulosa-1,5-bisfosfato carboxilasa). El producto de la fijación se fragmenta rápidamente en dos moléculas de tres carbonos (3-fosfoglicerato).

2. Reducción: Con gasto de ATP y NADPH se sintetiza el primer azúcar del ciclo: el gliceraldehído fosfato (GAP) a partir de la reducción del ácido generado en la primer etapa del ciclo de Calvin.

3. Regeneración: Luego de la obtención de azúcares es necesario regenerar a la RuBP, la primera molécula involucrada en el ciclo de Calvin y Benson. De esta forma el ciclo podrá iniciarse nuevamente. Esta fase también consume energía en forma de ATP.

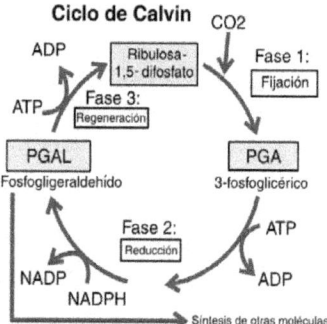

Ciclo de Calvin

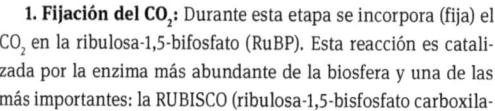

Tres vueltas del ciclo de Calvin introducen 3 moléculas de CO_2, el equivalente de un azúcar de 3 carbonos, y producen una molécula de gliceraldehído 3-fosfato que es el producto inmediato del ciclo de Calvin.

Balance global:

$$6\,CO_2 + 12\,H_2O + 18\,ATP + 12\,NADPH + C_6H_{12}O_6 + 18\,ADP + 18\,Pi + 12\,NADP^+$$

Los principales productos finales de la fotosíntesis son el almidón y la sacarosa. Estos hidratos de carbono son polímeros de azúcares de seis carbonos. El almidón presente en las hojas es un polímero insoluble de glucosa que se acumula en los cloroplastos. La sacarosa, en cambio, es un disacárido soluble en agua que se sintetiza en el citosol a partir de precursores de tres carbonos generados en el cloroplasto. La sacarosa es transportada desde las hojas a través del floema hasta los tejidos no fotosintéticos de la planta.

A partir de estos azúcares, y con intervención de las sales minerales captadas del suelo, la planta fabrica el resto de los componentes del organismo: lípidos, proteínas, ácidos nucleicos. Los mismos componentes que forman a todos los seres vivos y que aportarán la materia orgánica que servirá de alimento a las mismas plantas y a otros organismos que se alimentan de ellas.

Ciencia al día

Herbicidas inhibidores de la fotosíntesis

La presencia de la maleza en los cultivos ocasiona mermas en el rendimiento y calidad de los productos cosechados e incrementa los costos de producción. La maleza puede ser controlada en forma mecánica, cultural, biológica o química. El control químico de la maleza se realiza por medio de la aplicación de herbicidas y es una de las principales herramientas en la agricultura moderna. Un grupo de herbicidas son los inhibidores de la fotosíntesis. El mecanismo de acción de los inhibidores de la fotosíntesis es la interrupción del flujo de electrones en el fotosistema II, que provoca la destrucción de la clorofila y los carotenoides, lo que causa la clorosis, y la formación de radicales libres que destruyen las membranas celulares provocando la muerte de los tejidos.

Los herbicidas fotosintéticos producen eventualmente síntomas de necrosis, liquidando a las especies susceptibles.

Puesto que los herbicidas, dentro de este modo de acción, inhiben la fotosíntesis, los herbicidas inician su actividad hasta que las plantas emergen y se exponen a la luz.

Un proceso alternativo de fabricación de materia: La quimiosíntesis

La quimiosíntesis es una forma de nutrición autótrofa en la que la energía necesaria para la elaboración de compuestos orgánicos, a diferencia de los organismos fotosintéticos que usan la luz, se obtiene de la oxidación de ciertas sustancias del medio.

Aunque este proceso es exclusivo de algunos grupos de bacterias, tiene una gran importancia biológica ya que de esta manera se reciclan los compuestos totalmente reducidos (NH_3, H_2S, CH_4) y se cierran los ciclos de la materia en los ecosistemas.

Igual que en la fotosíntesis se pueden distinguir dos fases: en la primera se obtiene energía y poder reductor por oxidación de compuestos muy reducidos como el metano y el ácido sulfhídrico; la segunda fase es semejante a la que ocurre en la fotosíntesis y en ella se asimila y reduce el dióxido de carbono.

Los organismos quimiosintéticos presentan una serie de características comunes:

- Son procariotas autótrofos. Solamente algunas bacterias poseen metabolismo quimiosintético.
- Viven de una fuente inorgánica: agua, sales, O_2, CO_2 y compuestos inorgánicos de cuya oxidación obtienen energía.
- Obtienen la energía de una reacción química específica. Solamente crecen con compuestos específicos de origen inorgánico, o producidos por la actividad de otros organismos (descomposición, excreción).
- Son aerobios. Utilizan el oxígeno como último aceptor de electrones.
- Sintetizan materia orgánica por medio del ciclo de Calvin.

Ciencia al día

Las bacterias y la quimiosíntesis

Algunas de estas bacterias se encuentran en hábitats como los sedimentos profundos o alrededor de relieves submarinos o dorsales oceánicas donde la corteza terrestre es delgada y existen respiraderos hidrotermales o incluso salida de magma. Estas bacterias transforman los productos químicos de los respiraderos, tóxicos para muchos seres vivos, en alimento y energía, desempeñando el papel de organismos productores en el ecosistema de la zona afótica del océano. A partir de estas bacterias pueden surgir pequeñas cadenas tróficas basadas en la quimiosíntesis, en vez de en la fotosíntesis.

En la industria también son muy apreciadas por contener enzimas que pueden soportar condiciones de elevada temperatura y presión. Algunas de ellas pueden convertir compuestos químicos peligrosos en otras formas menos nocivas para la vida y por ello son ideales para la limpieza de zonas con derrame de petróleo y, de forma general, en el tratamiento de residuos tóxicos.

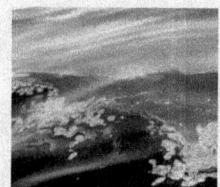

Organismos quimiosintéticos

- **Bacterias del hidrógeno**

  Estas bacterias pueden activar el hidrógeno molecular con ayuda de hidrogenasas y utilizarlo para obtener energía. Frecuentemente las bacterias de este tipo son autótrofas facultativas y pueden nutrirse también de compuestos orgánicos.

- **Sulfobacterias**

  Las bacterias del género Thiobacillus son capaces de obtener energía por oxidación de compuestos reducidos de azufre. La mayoría de las bacterias de este género son capaces de oxidar diversos compuestos de azufre y forman sulfato como producto final.

- **Ferrobacterias**

  Algunas bacterias viven en aguas ricas en compuestos de hierro ferroso, absorben estas sustancias y las oxidan a hierro férrico, que forma hidróxido férrico muy insoluble y precipita. Esta reacción produce poca energía por lo que deben oxidar grandes cantidades de hierro para poder vivir.

- **Bacterias nitrificantes**

  Oxidan compuestos reducidos del nitrógeno presentes en el suelo. Las bacterias nitrosificantes, como las del género Nitrosomonas, oxidan el amoníaco y lo convierten en nitritos. Las bacterias nitrificantes, como Nitrobacter, oxidan los nitritos a nitratos. Estas bacterias existen en todos los suelos, salvo en los tropicales, que son pobres en oxígeno.

Fases de la quimiosíntesis

La quimiosíntesis presenta similitudes con la fotosíntesis. En ambas existen dos fases. En la primera se genera ATP y poder reductor. Los electrones provenientes de estos sustratos ingresan en una cadena transportadora de electrones en la que el aceptor final es el O_2 y se genera ATP.

La segunda fase se denomina carboxilación, la fijación de carbono se realiza, igual que en los organismos fotoautótrofos mediante el ciclo de Calvin.

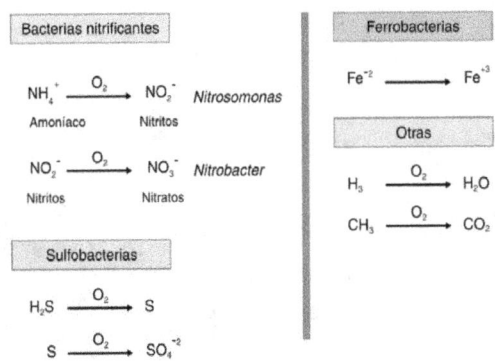

¿Cómo obtienen los organismos heterótrofos la materia?

A diferencia de los organismos autótrofos, los heterótrofos toman la materia orgánica directamente del medio que las rodea.

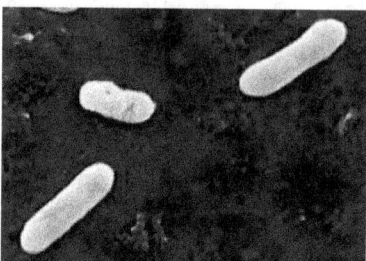

Bacterias.

Hongos.

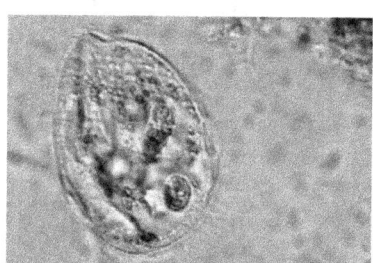

Protistas.

Animales.

El proceso de nutrición heterótrofa de una célula se puede dividir en varias etapas:

Captura: La célula atrae las partículas alimenticias creando torbellinos mediante sus cilios o flagelos, o emitiendo seudópodos, que engloban el alimento.

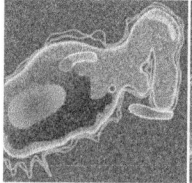
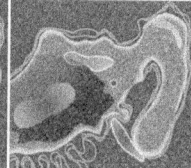
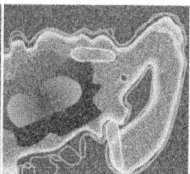
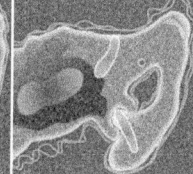

Ingestión: La célula introduce el alimento en una vacuola alimenticia o fagosoma. Algunas células ciliadas, como los paramecios, tienen una especie de boca, llamada citostoma, por la que fagocitan el alimento.

Digestión: Los lisosomas vierten sus enzimas digestivas en el fagosoma, que así se transformará en vacuola digestiva. Las enzimas descomponen los alimentos en las pequeñas moléculas que los forman.

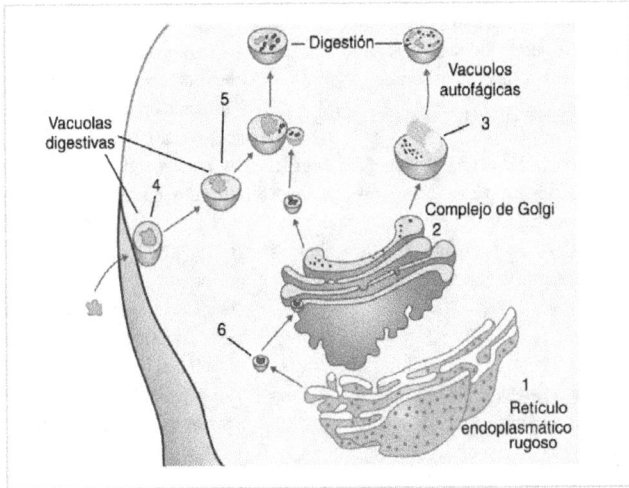

Los lisosomas funcionan como "estómagos" de la célula, digieren cualquier sustancia que ingrese del exterior (vacuolas digestivas) (figura, números 4 y 5) o también restos celulares viejos para digerirlos (número 3) (vacuolas autofágicas). Son llamados "bolsas suicidas" porque si se rompiera su membrana, las enzimas encerradas en su interior, terminarían por destruir a toda la célula. Estos lisosomas se forman a partir del Retículo endoplásmico rugoso (número 1) y posteriormente las enzimas son empaquetadas por el Complejo de Golgi (número 2).

Paso de membrana: Las pequeñas moléculas liberadas en la digestión atraviesan la membrana de la vacuola y se difunden por el citoplasma.

Egestión: La célula expulsa al exterior las moléculas que no le son útiles.

Actividades

• Realicen una comparación entre esta etapa de la nutrición de las células heterótrofas con las etapas de la nutrición en las células autótrofas.
• ¿Qué organelas están implicadas en cada caso?
• ¿A qué reinos pertenecen los individuos de la página anterior?

Producción de energía

La combustión es una reacción química en la cual generalmente se desprende una gran cantidad de calor y luz. En toda combustión existe un elemento que arde (combustible) y otro que produce la combustión (comburente), generalmente oxígeno en forma de O_2 gaseoso. La ecuación general de la combustión es:

$$COMBUSTIBLE + O_2 + CHISPA + H_2O + CO_2 + EC + EL$$

En las células ocurre algo similar. Las reacciones que ocurren en su interior para obtener energía también se pueden considerar como combustiones, pero controladas. Un ejemplo es la oxidación de la glucosa:

$$C_6H_{12}O_6 + O_2 + H_2O + CO_2 + ATP$$

Todos los organismos utilizan este proceso para obtener energía, pero el origen de la glucosa que utilizan cambia de un tipo a otro. Las células heterótrofas utilizan la glucosa proveniente de la degradación de los alimentos y en las células autótrofas proviene de la fotosíntesis. También pueden utilizar la glucosa almacenada como glucógeno o almidón (macromoléculas de reserva).

La respiración celular puede ser considerada como una serie de reacciones de óxido-reducción en las cuales las moléculas combustibles son paulatinamente oxidadas y degradadas liberando energía. Los protones perdidos por el alimento son captados por coenzimas.

La respiración ocurre en distintas estructuras celulares. La primera de ellas es la glucólisis que ocurre en el citoplasma. La segunda etapa dependerá de la presencia o ausencia de O_2 en el medio, determinando en el primer caso la **respiración aeróbica** (ocurre en las mitocondrias), y en el segundo caso la respiración **anaeróbica** o **fermentación** (ocurre en el citoplasma).

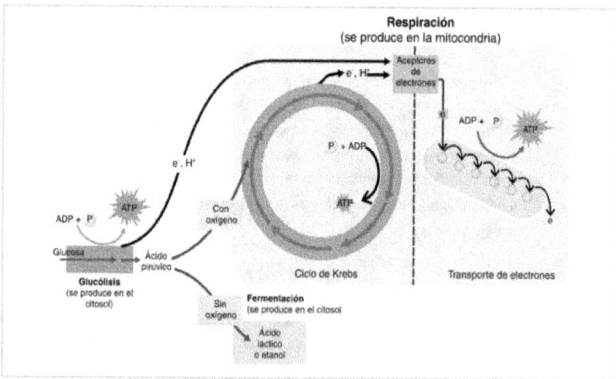

Resumen del proceso de respiración. Lugares de la célula donde se realiza cada paso.

Actividades

- ¿Qué significa que una sustancia sea un combustible?
- ¿Por qué decimos que la respiración es una reacción controlada?
- Comparen las dos ecuaciones de esta página y armen un cuadro comparativo entre ambas combustiones.

La respiración celular

La primera fase de la degradación de un combustible celular ordinario como la glucosa se debe a una vía metabólica llamada **glucólisis** (también conocida como vía de Embden-Meyefiof, en honor de sus descubridores). Un hecho interesante es que la glucólisis es globalmente un proceso oxidativo, no hay intervención de oxígeno molecular. Por tanto, se trata de un proceso anaeróbico que quizá satisfizo las necesidades de las células mucho antes de que la atmósfera terrestre tuviera oxígeno molecular. A partir de ello, hoy se puede afirmar que esta molécula combustible básica es tan útil para la **respiración aeróbica** como para la **respiración anaeróbica**.

Esta reacción catabólica consiste en la ruptura de la molécula de glucosa en dos moléculas de piruvato. Se pueden reconocer dos fases:

- Fase con gasto de energía: Consiste en la transformación de una molécula de glucosa en dos de gliceraldehído 3-fosfato mediante el consumo de 2 ATP.

- Fase de obtención de energía: Las dos moléculas de gliceraldehído 3-fosfato se transforman en dos moléculas de piruvato y se obtienen cuatro moléculas de ATP y dos de NADH.

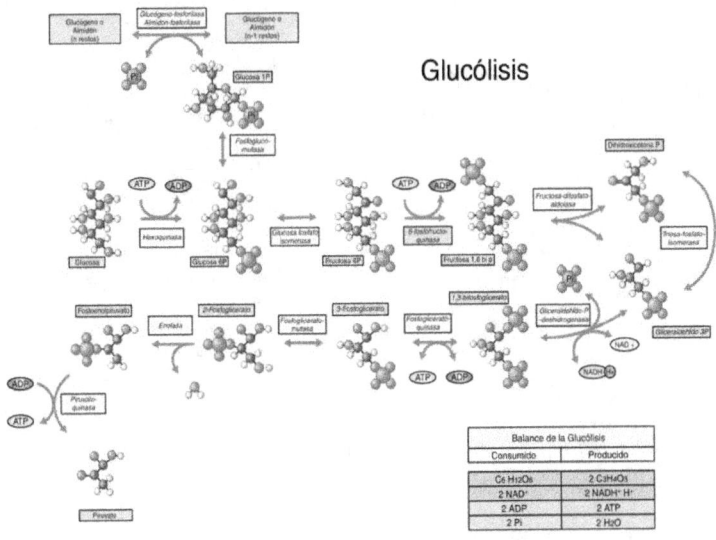

Glucólisis

Balance de la Glucólisis	
Consumido	Producido
C₆H₁₂O₆	2 C₃H₄O₃
2 NAD⁺	2 NADH⁺ H⁺
2 ADP	2 ATP
2 Pi	2 H₂O

Podemos representar la ecuación general de la glucólisis de la siguiente manera:

$$C_6H_{12}O_6 + 2\,ADP + 2P_1 + 2\,NAD^+ + 2\,C_3H_4O_3 + 2\,H_2O + 2\,ATP + 2\,NADH + 2H^+$$

Respiración aeróbica

La respiración, que incluye el ciclo de Krebs y el transporte de electrones y la fosforilación oxidativa tiene lugar en la membrana celular de las células procariontes y en las mitocondrias de las células eucariontes.

Las **mitocondrias** están rodeadas por dos membranas, una externa que es lisa y una interna que se pliega hacia adentro formando crestas. Dentro del espacio interno de la mitocondria, en torno a las crestas, existe una solución densa (matriz o estroma) que contiene enzimas, coenzimas, agua, fosfatos y otras moléculas que intervienen en la respiración.

La membrana externa es permeable para la mayoría de las moléculas pequeñas, pero la interna solo permite el paso de ciertas moléculas como el **ácido pirúvico** y **ATP**, y restringe el paso de otras. Esta permeabilidad selectiva de la membrana interna tiene una importancia crítica porque capacita a las mitocondrias para destinar la energía de la respiración para la producción de ATP.

La mayoría de las enzimas del ciclo de Krebs se encuentran en la matriz mitocondrial. Las enzimas que actúan en el transporte de electrones se encuentran en las membranas de las crestas.

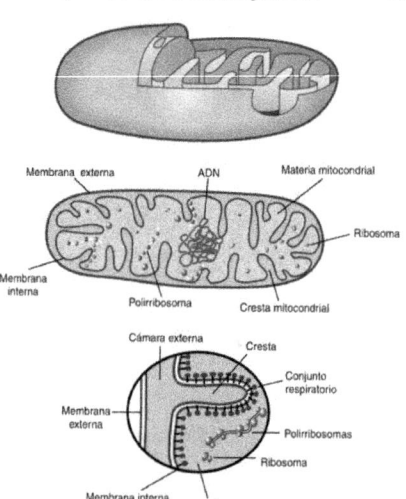

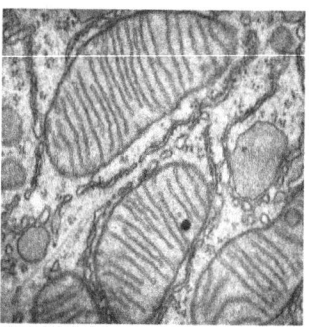

Microfotografía electrónica de una mitocondria y esquema. Se observan las invaginaciones de la membrana interna que forman las características crestas, que identifican esta organela.

Actividades

- Observen el esquema de la célula bacteriana, e indiquen qué diferencias y semejanzas presenta con la estructura de la mitocondria.
- ¿En que lugar de la célula bacteriana se produce la respiración?

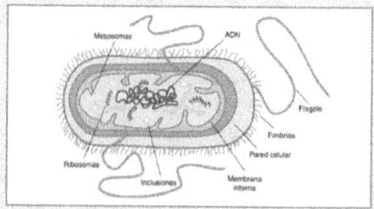

El ciclo de Krebs

El ciclo de Krebs (de los ácidos tricarboxílicos o del ácido cítrico) es una vía metabólica presente en todas las células aerobias, es decir, las que utilizan oxígeno como aceptor final de electrones en la respiración celular. En los organismos aerobios las rutas metabólicas responsables de la degradación de los glúcidos, ácidos grasos y aminoácidos convergen en el ciclo de Krebs, que a su vez aporta poder reductor a la cadena respiratoria y libera CO_2.

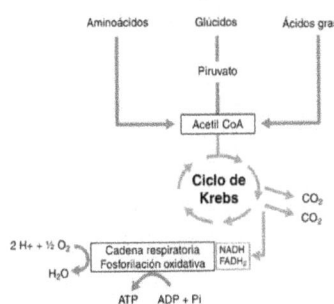

Al entrar en la mitocondria por medio del transporte activo el piruvato (obtenido durante la glucólisis, dos moléculas por glucosa) es convertido, en primer lugar, en un compuesto llamado acetil coenzima A, o acetil CoA. Este paso es la unión entre la glucólisis y el ciclo de Krebs.

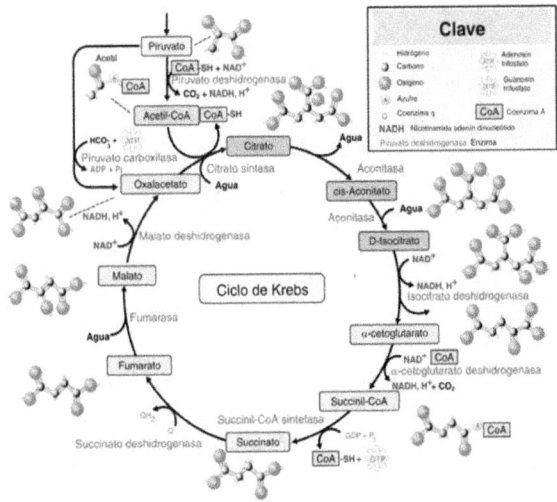

El ciclo funciona como un horno metabólico que oxida combustible orgánico derivado del piruvato, este se degrada a 3 moléculas de CO_2 que incluyen la molécula de CO_2 liberada durante la conversión de piruvato a acetil CoA. El ciclo genera un ATP en cada vuelta, mediante fosforilación a nivel del sustrato, pero la mayor parte de la energía química se transfiere al NAD^+ y a las coenzimas relacionadas FAD, durante las reacciones redox. Las coenzimas reducidas, NADH y $FADH_2$, transportan su carga de electrones de alta energía hacia la cadena de transporte de electrones.

Transporte de electrones o cadena respiratoria y fosforilación oxidativa

En esta etapa se oxidan las coenzimas reducidas, el NADH se convierte en NAD^+ y el FADH2 en FAD^+. Al producirse esta reacción, los átomos de hidrógeno (o electrones equivalentes) son conducidos a través de la cadena respiratoria por un grupo de transportadores de electrones, llamados citocromos. Los citocromos experimentan sucesivas oxidaciones y reducciones (reacciones en las cuales los electrones son transferidos de un dador de electrones a un aceptor).

En consecuencia, en esta etapa final de la respiración, estos electrones de alto nivel energético descienden paso a paso hasta el bajo nivel energético del oxígeno (último aceptor de la cadena), formándose de esta manera agua.

Cabe aclarar que los tres primeros aceptores reciben el H^+ y el electrón conjuntamente. En cambio, a partir del cuarto aceptor, solo se transportan electrones, y los H^+ quedan en solución.

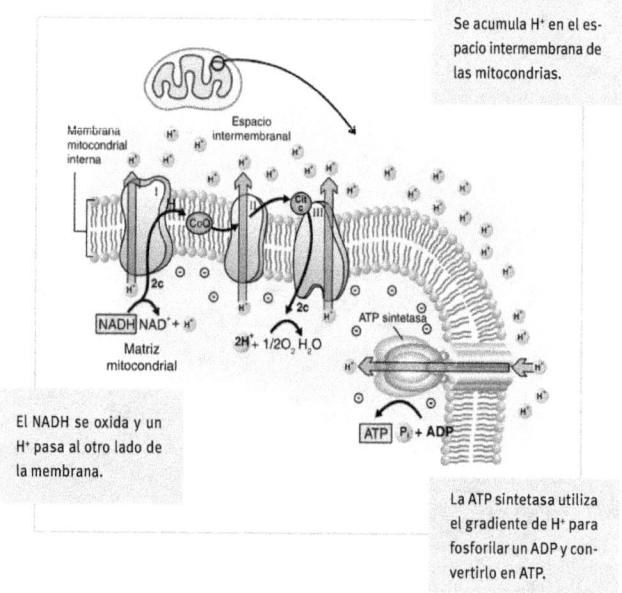

Se acumula H^+ en el espacio intermembrana de las mitocondrias.

El NADH se oxida y un H^+ pasa al otro lado de la membrana.

La ATP sintetasa utiliza el gradiente de H^+ para fosforilar un ADP y convertirlo en ATP.

El flujo de electrones está íntimamente acoplado al proceso de fosforilación, y no ocurre a menos que también pueda verificarse este último. Esto, en un sentido, impide el desperdicio ya que los electrones no fluyen a menos que exista la posibilidad de formación de fosfatos ricos en energía. Si el flujo de electrones no estuviera acoplado a la fosforilación, no habría formación de ATP y la energía de los electrones se degradaría en forma de calor.

Puesto que la fosforilación del ADP para formar ATP se encuentra acoplada a la oxidación de los componentes de la cadena de transporte de electrones, este proceso recibe el nombre de fosforilación oxidativa.

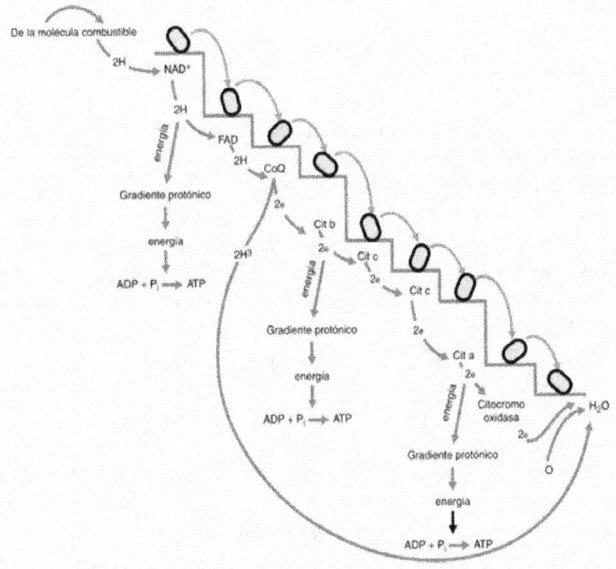

En tres transiciones de la cadena de transporte de electrones se producen caídas importantes en la cantidad de energía potencial que retienen los electrones, de modo que se libera una cantidad relativamente grande de energía libre en cada uno de estos tres pasos, formándose ATP.

Actividades

• Completen el siguiente cuadro repasando los contenidos de rendimiento energético.

RESUMEN DE LA GLUCÓLISIS Y DE LA RESPIRACIÓN		
En el citoplasma:		
Glucólisis ⟶	¿? ATP	¿? ATP
En las mitocondrias:		
De la glucólisis	2 NADH ⟶ ¿? ATP	⟶ ¿? ATP
De la respiración	1 NADH ⟶ 3 ATP (x 2)	⟶ 6 ATP
Ácido pirúvico ⟶ acetil CoA	1 ATP	
Ciclo de Krebs	3 NADH ⟶ 9 ATP (x 2)	
	1 FADH$_2$ ⟶ 2 ATP (x2)	⟶ ¿? ATP
Rendimiento total de ATP ⟶ ¿? ATP		

Respiración anaeróbica

La mayor parte del ATP generado por la respiración celular se debe a la fosforilación oxidativa, por lo tanto, la producción de ATP a partir de la respiración depende de un suministro adecuado de oxígeno en la célula. Sin el oxígeno la fosforilación se detiene.

Un mecanismo alternativo por el cual algunas células pueden oxidar combustible orgánico y generar ATP sin el uso de oxígeno es la fermentación.

El catabolismo anaeróbico de los nutrientes orgánicos puede producirse por fermentación. La fermentación es una extensión de la glucólisis que puede generar ATP solamente por fosforilación a nivel de sustrato, en tanto haya suministro de NAD⁺ para aceptar electrones durante el paso de oxidación de la glucólisis.

Las fermentaciones genuinas son procesos anaerobios, realizados por microorganismos que no toleran el oxígeno o por ciertas células animales o vegetales cuando no disponen de suficiente oxígeno. Son poco rentables desde el punto de vista energético, ya que la oxidación de la materia orgánica es incompleta y se forma mucho menos ATP que en la respiración celular aerobia. En general, únicamente 2 ATP por cada molécula de glucosa.

Dependiendo el producto final, se diferencian varios tipos de fermentaciones. Las más importantes son:

Fermentación alcohólica:
En ella el piruvato se transforma en etanol y se desprende CO_2. La realizan, sobre todo, levaduras del género Saccharomyces que tienen interés en la industria alimenticia por los productos residuales de su metabolismo: el CO_2 para esponjar la masa en la fabricación del pan; y el etanol para producir diferentes bebidas alcohólicas (vino, sidra, cerveza).

Fermentación alcohólica

Fermentación láctica:
En ella el piruvato se transforma en lactato. La realizan diversas bacterias (Lactobacillus) que fermentan la leche, y se utilizan para obtener derivados lácteos. Por otro lado, también la pueden llevar a cabo las células musculares cuando no reciben suficiente oxígeno. Así, cuando se realiza un esfuerzo intenso y prolongado, los músculos obtienen un poco de energía extra sin necesidad de oxígeno, recurriendo a la fermentación; pero las consecuencias de este proceso serán, posteriormente, los calambres.

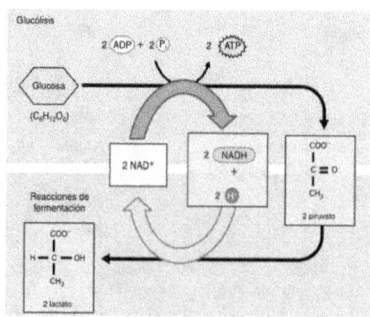

1. Observen la estructura de los fosfolípidos y expliquen:
   a. ¿A qué se debe su ubicación en la membrana plasmática?
   b. ¿Qué propiedades le confieren a la misma?
   c. Armen un esquema de las sustancias que pasan a través de la membrana con mayor facilidad.

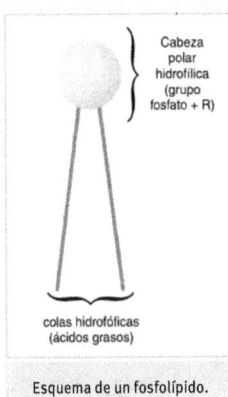

Esquema de un fosfolípido.

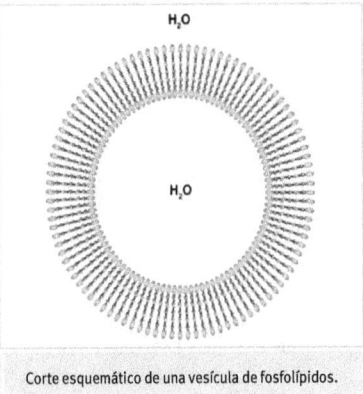

Corte esquemático de una vesícula de fosfolípidos.

2. Realicen un cuadro comparativo donde indiquen las semejanzas y diferencias entre el transporte activo y la difusión facilitada.

3. Si una ameba es isotónica respecto a una solución que es hipertónica para un cangrejo, ¿en cuál de estos organismos ocurrirá un ingreso neto de agua al sumergir ambos en la solución?

4. Abajo aparecen los espectros de absorción de algunos pigmentos. A partir del análisis de los espectros de absorción de los diferentes pigmentos, expliquen por qué se benefician los organismos fotosintéticos con esa diversidad.

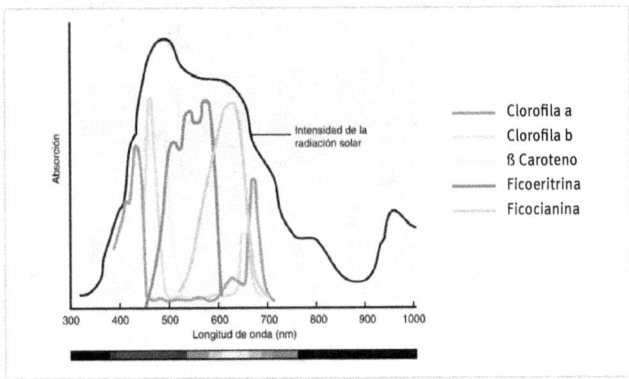

5. ¿Por qué plantas de la misma especie, crecidas en las mismas condiciones, pero a dos concentraciones de O_2 presentan las diferencias en la producción de biomasa que aparece en la figura?

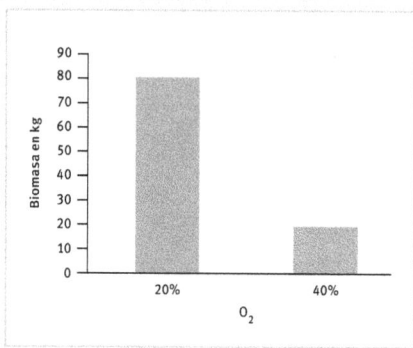

6. El dibujo representa una mitocondria.
   a. Dibujen un esquema de una mitocondria en el que aparezcan señalados 5 componentes o estructuras.
   b. La figura representa esquemáticamente las actividades más importantes de una mitocondria. ¿En qué lugares de la mitocondria se producen el ciclo de Krebs y la cadena respiratoria?
   c. Identifiquen las sustancias señaladas con números en la figura.

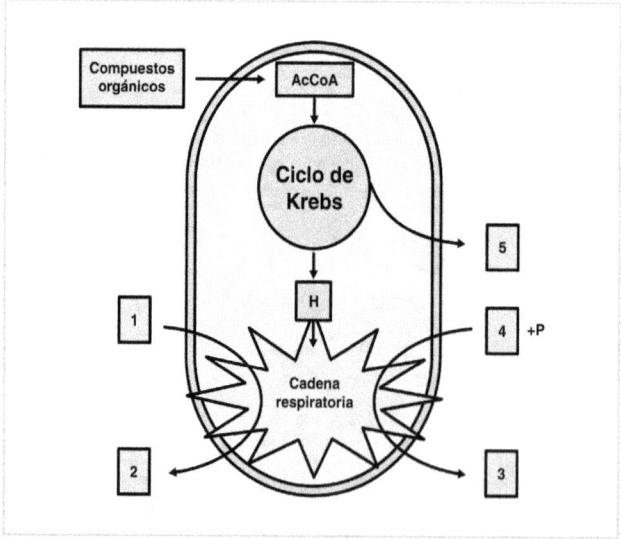

5

Biotecnologías aplicadas

No podemos comprender ni imaginar la belleza ilimitada que nos revelará el futuro gracias a la ciencia.

Isaac Asimov

Presentan una vaca clonada
para que pueda dar leche maternizada

Se llama Rosita. Es el primer animal que fue clonado por el Estado. Nació en Balcarce.

En el INTA de Balcarce, tres jóvenes investigadores lograron clonar a una vaca que, además, tiene incorporados dos genes humanos que le permitirán producir una leche semejante a la materna, y que podría ser de mucha utilidad para aquellos bebes que, por alguna razón, no puedan acceder a la lactancia. Desde hace más de sesenta días que Germán Kaiser, Nicolás Mucci (del Grupo de Biotecnología del INTA Balcarce) y Adrián Mutto (de la Universidad Nacional de San Martín) se pasan día y noche al lado de "Rosita ISA", como bautizaron a la ternera. Es el primer animal clonado por el Estado argentino. La pequeña vaca es de la raza Jersey, de buenas cualidades lecheras. Nació el 6 de abril en una neonatología montada por sus creadores en el INTA ubicado en los pagos de Juan Manuel Fangio. A su "madre portadora", una Angus, hubo que hacerle cesárea porque al nacer Rosita pesaba 45 kilos, casi el doble de lo normal. Es decir, salió sanita.

Hace más de seis años, estos jóvenes "graduados de universidades públicas" se decidieron a producir un animal transgénico que tuviera la posibilidad de producir una leche mejorada que sirviera a los bebés. Sus ensayos comenzaron con ovarios de cabra, pero como era difícil conseguirlos en la zona decidieron ensayar directamente con un vacuno. Tomaron una muestra de la piel de una vaca Jersey, cuya leche es muy rica en grasas. A partir de ese pequeño trozo decodificaron una línea celular. Y tuvieron frente a sí el genoma de esa raza.

Para mejorar la leche decidieron (a través de un vector o "transportador" de genes) introducir en esa secuencia dos genes presentes en la leche humana, que son capaces de producir proteínas con rasgos muy precisos. La lisozima tiene propiedades antifúngicas, antibacteriales y antivirales. La lactoferrina permite una mejor captura del hierro. Cuando comience a ser ordeñada, dentro de diez meses, Rosita ISA producirá leche con ambas

características. "Tenemos confirmado por métodos de secuenciación e hibridación que los dos genes están insertados en su genoma", dijo Mucci.

No es la primera vaca a la que se le introducen genes para que produzca leche enriquecida. Lo que convierte esta experiencia en una novedad es que es la primera vez que se introducen en un animal clonado dos genes diferentes en un único evento (proceso) de inserción. Eso convierte a esta Jersey en única a nivel mundial.

Los creadores de la oveja Dolly, el primer animal clonado, necesitaron hacer 270 transferencias embrionarias para lograr su objetivo. Para la vaquita de Balcarce apenas se hicieron 7 transferencias.

Diario *Clarín*, 10 de junio de 2011 (Fragmento).

Rosita ISA, la vaca clonada que dará leche maternizada.

1. ¿Por qué es tan importante el avance biotecnológico que realizaron los jóvenes investigadores del INTA Balcarce?
2. ¿Conocen algún otro ejemplo de clonación animal?

Qué es la biotecnología

Gregor Mendel.

Louis Pasteur.

James Watson.

Francis Crick.

George Beadle.

Edward Tatum.

La biotecnología es la tecnología basada en la biología, y se utiliza especialmente en agricultura, farmacia, ciencia de los alimentos, medioambiente y medicina. En ella trabajan varias disciplinas y ciencias como la biología, bioquímica, genética, virología, agronomía, ingeniería, física, química, medicina y veterinaria, entre otras. El término biotecnología fue creado en 1917 por un ingeniero húngaro Karl Ereki, quien lo introdujo en su libro *Biotecnología en la producción cárnica y láctea de una gran explotación agropecuaria*, y lo definió como "...procesos en los que se formaban productos a partir de materiales crudos, con la ayuda de la actividad metabólica de organismos vivos". Según el Convenio sobre Diversidad Biológica de 1992, la biotecnología podría definirse como *"toda aplicación tecnológica que utilice sistemas biológicos y organismos vivos o sus derivados para la creación o modificación de productos o procesos para usos específicos"*.

La biotecnología consiste en un gradiente de tecnologías que van desde las técnicas de la biotecnología "tradicional", largamente establecidas y ampliamente conocidas y utilizadas (por ejemplo la fermentación de alimentos, el control biológico), hasta la biotecnología moderna, basada en la utilización de las nuevas técnicas del DNA recombinante (llamadas de ingeniería genética), los anticuerpos monoclonales y los nuevos métodos de cultivo de células y tejidos.

Personajes influyentes en la biotecnología

- Gregor Mendel (1822-1884): describió las leyes de Mendel, que rigen la herencia genética.
- Louis Pasteur (1822-1895): realizó descubrimientos importantes en el campo de las Ciencias Naturales, principalmente en química y microbiología. Describió científicamente el proceso de pasteurización y la imposibilidad de la generación espontánea y desarrolló diversas vacunas, como la de la rabia.
- James Watson (1928) y Francis Crick (1916-2004): descubridores de la estructura del ADN.
- George Beadle (1903-1989) y Edward Tatum (1909-1975): descubridores de que los rayos X producían mutaciones en mohos. Tras varios experimentos llegaron a la hipótesis "un gen, una enzima".

Aplicaciones de la biotecnología

La biotecnología se aplica en importantes áreas como lo son:

- **La atención de la salud**, con el desarrollo de nuevos enfoques para el tratamiento de enfermedades; diseñando organismos para producir antibióticos, el desarrollo de vacunas más seguras y nuevos fármacos, los diagnósticos moleculares, las terapias regenerativas y el desarrollo de la ingeniería genética para curar enfermedades a través de la manipulación génica.

- **El diseño de microorganismos**, para producir productos o enzimas como catalizadores industriales, ya sea para producir productos químicos valiosos o destruir contaminantes químicos peligrosos.

- **La industria textil**, en la creación de nuevos materiales, como plásticos biodegradables, y en la producción de biocombustibles. En este sentido, su principal objetivo es la creación de productos fácilmente degradables, que consuman menos energía y generen menos desechos durante su producción.

- **Los procesos agrícolas**. Un ejemplo de ello es el diseño de plantas transgénicas capaces de crecer en condiciones ambientales desfavorables, o plantas resistentes a plagas y enfermedades.

- **Los ambientes marinos y acuáticos**. Aún en una fase temprana de desarrollo, sus aplicaciones son prometedoras para la acuicultura, cuidados sanitarios, cosmética y productos alimentarios.

Descifrar los mapas genéticos permite mejorar aspectos de la fruta como el color, el aroma y el gusto.

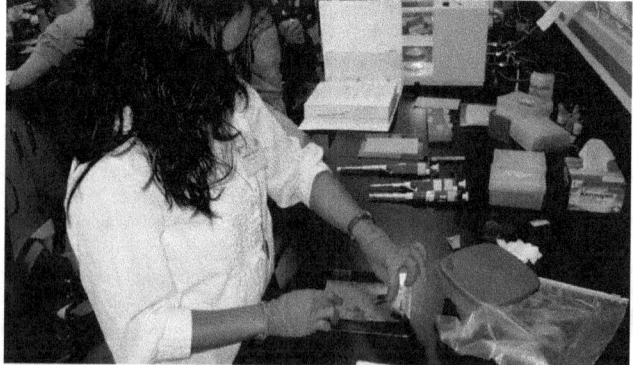

Algunas aplicaciones de la biotecnología: obtención de plantas transgénicas, producción de proteínas y enzimas, tratamiento de la contaminación ambiental.

Entre las principales ventajas de la biotecnología se tienen:

- **Rendimiento superior.** Mediante los organismos genéticamente modificados (OGM), el rendimiento de los cultivos aumenta dando más alimento por menos recursos, disminuyendo las cosechas perdidas por enfermedad o plagas, así como por factores ambientales.
- **Reducción de pesticidas.** Cada vez que un OGM es modificado para resistir una determinada plaga, se está contribuyendo a reducir el uso de los plaguicidas asociados a la misma. Estos suelen ser causantes de grandes daños ambientales y a la salud.
- **Mejora en la nutrición.** Se pueden llegar a introducir vitaminas y proteínas adicionales en alimentos así como reducir las toxinas naturales. También se puede intentar cultivar en condiciones extremas, lo que auxiliaría a los países que tienen menos disposición de alimentos.
- **Mejora en el desarrollo de nuevos materiales.**

Los que se muestran a favor de esta tecnología aducen que la biotecnología es un avance que mejora el rendimiento de los cultivos y minimiza el uso de plaguicidas y fertilizantes, por lo que sería más beneficioso para el medio ambiente, y contribuiría a aliviar el problema del hambre en los países más desfavorecidos.

Una curiosidad

Un Instituto de biotecnología chino ha logrado cultivar sandías con forma cúbica, más nutritivas y más fáciles de guardar que las tradicionales de forma esférica.

Entre las principales objeciones a la biotecnología se tienen:

- **Riesgos para el medio ambiente.** Entre los riesgos para el medio ambiente cabe señalar la posibilidad de polinización cruzada, por medio de la cual el polen de los cultivos genéticamente modificados (GM) se difunde a cultivos no GM en campos cercanos, por lo que pueden dispersarse ciertas características como resistencia a los herbicidas de plantas GM a aquellas que no son GM. Esto podría dar lugar, por ejemplo, al desarrollo de maleza más agresiva o de parientes silvestres con mayor resistencia a las enfermedades o a los estreses abióticos, trastornando el equilibrio del ecosistema.

Otros riesgos ecológicos surgen del gran uso de cultivos modificados genéticamente con genes que producen toxinas insecticidas, como el gen del *Bacillus thuringiensis*. Esto puede hacer que se desarrolle una resistencia al gen en poblaciones de insectos expuestas a cultivos GM. También puede haber riesgo para especies que no son el objetivo, como aves y mariposas, por plantas con genes insecticidas.

Además se puede perder biodiversidad, por ejemplo, como consecuencia del desplazamiento de cultivos tradicionales por un pequeño número de cultivos modificados genéticamente.

- **Riesgos para la salud.** Existen riesgos de transferir toxinas de una forma de vida a otra, de crear nuevas toxinas o de transferir compuestos alergénicos de una especie a otra, lo que podría dar lugar a reacciones alérgicas imprevistas. Existe el riesgo de que bacterias y virus modificados escapen de los laboratorios de alta seguridad e infecten a la población humana o animal.

- **Preocupaciones éticas y sociales.** Los avances en genética y el desarrollo del Proyecto Genoma Humano, en conjunción con las tecnologías reproductivas, han suscitado preocupaciones de carácter ético sobre las cuales aún no hay consenso, entre ellas:

  - Reproducción asistida del ser humano. Estatuto ético del embrión y del feto. Derecho individual a procrear.

  - Sondeos genéticos y sus posibles aplicaciones discriminatorias: derechos a la intimidad genética y a no saber predisposiciones a enfermedades incurables.

  - Modificación del genoma humano para "mejorar" la naturaleza humana.

  - Clonación y el concepto de singularidad individual ante el derecho a no ser producto del diseño de otros.

  - Cuestiones derivadas del mercantilismo de la vida (ej., patentes biotecnológicas) y la posibilidad de que corporaciones patenten la vida de seres humanos, es decir, que las empresas desarrolladoras, sean "dueñas" de personas a quienes se hayan reproducido mediante el empleo de la biotecnología.

La biotecnología en la Argentina

Aunque todavía es una actividad acotada y selectiva en la que los genes son chips y sus productos están revolucionando la producción del campo y de la industria farmacéutica, Argentina ya está en carrera en el asombroso mundo de la biotecnología. El país cuenta con 120 empresas que sobresalen en la elaboración de medicamentos, semillas y técnicas para la reproducción humana asistida.

Si bien la cantidad de compañías está lejos de Estados Unidos, líder indiscutible que contabiliza 1.699, Argentina se ubica tercera en el continente detrás de Canadá (324) y con una amplia ventaja sobre Brasil (105 firmas) y México (67). Los datos surgen de un minucioso estudio de la CEPAL (Comisión Económica para América Latina y el Caribe).

Las biotecnológicas facturan en conjunto US$ 1.000 millones, más que el sector de la maquinaria agrícola y la mitad de lo que genera el software. Exportan el 25% y emplean a unas 3.000 personas, entre ellas 800 de alta calificación.

Actividades

- Piensen algún ejemplo de importancia para la comunidad donde se emplea la biotecnología.
- Enumeren y expliquen dos ventajas que proporciona la biotecnología.
- ¿Qué tipos de riesgos conlleva la biotecnología para las personas y para el medio ambiente?
- ¿Es importante la biotecnología en nuestro país? ¿Qué acciones o medidas se deberían tomar para igualar en el avance biotecnológico a los países más desarrollados?

Modificación genética bacteriana

La biotecnología moderna basada en la manipulación del ADN in vitro difiere de las prácticas más antiguas porque permite a los científicos modificar genes específicos y desplazarlos entre los distintos organismos como, por ejemplo, bacterias, plantas y animales.

La mayoría de los métodos que permiten clonar fragmentos de ADN en el laboratorio comparten algunas características generales. Un sistema común es utilizar bacterias (generalmente *Escherichia coli*) y sus plásmidos, los cuales son moléculas de ADN circular relativamente pequeñas que se replican en forma independiente del cromosoma bacteriano. Estos plásmidos se denominan vector de clonación, que se define como una molécula de ADN que puede transportar ADN extraño a una célula y replicarse dentro de ella. Los plásmidos son utilizados en forma universal como vectores de clonación debido principalmente a dos razones: en primer lugar, pueden aislarse fácilmente de las bacterias y manipularse para formar plásmidos recombinantes mediante la inserción de ADN extraño in vitro, y luego volver a introducirse en las células bacterianas. En segundo lugar, las células bacterianas se reproducen con rapidez y en el proceso multiplican todo el ADN extraño que albergan.

Para clonar genes u otros fragmentos de ADN en el laboratorio, primero se aísla un plásmido de una célula bacteriana y luego se le introduce el ADN extraño. El plásmido resultante se convierte en una molécula de ADN recombinante, que contiene ADN procedente de dos fuentes distintas. Se vuelve a introducir el plásmido en la célula bacteriana para obtener una bacteria recombinante, que se reproduce formando un clon de células idénticas. Debido a que las bacterias en proceso de división replican el plásmido recombinante y lo transfieren a sus descendientes, el gen extraño es "clonado"

al mismo tiempo; es decir, el clon de células contiene muchas copias del gen.

Los genes clonados se emplean principalmente con dos propósitos: crear muchas copias de un gen específico y producir una proteína. Los investigadores pueden aislar copias de un gen clonado creadas por bacterias para usarlas en investigación básica o para proporcionarle a un organismo una nueva capacidad metabólica, como por ejemplo, la resistencia a una enfermedad.

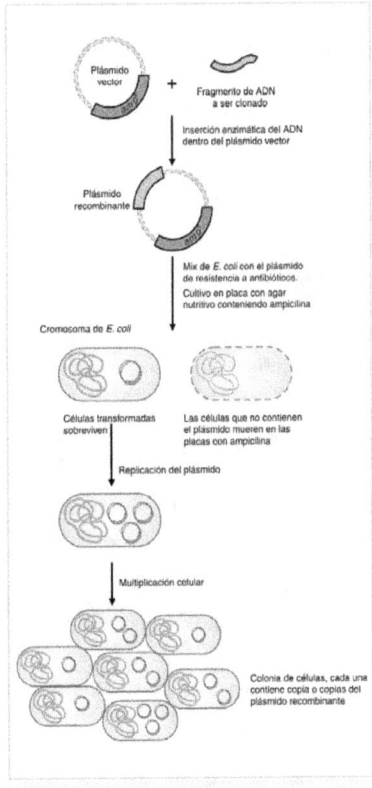

Esquema de la clonación de genes con un plásmido bacteriano.

Aplicación de la biotecnología a la producción de alimentos

La mejora de las especies usadas como alimento ha sido un propósito común en la historia de la humanidad. Entre el 12000 y 4000 a. C. ya se realizaba una mejora por selección artificial de plantas. Tras el descubrimiento de la reproducción sexual en vegetales, se realizó el primer cruzamiento entre especies de géneros distintos en 1876. En 1909 se efectuó la primera fusión de protoplastos, y en 1927 se obtuvieron mutantes de mayor productividad mediante irradiación con rayos X de semillas. Finalmente, en 1983 se produjo la primera planta transgénica y en 1994 se aprobó la comercialización del primer alimento modificado genéticamente.

En el año 2007, los cultivos de transgénicos se extienden en 114,3 millones de hectáreas de 23 países, de los cuales 12 son países en vías de desarrollo. En el año 2006 en Estados Unidos el 89% de plantaciones de soja lo eran de variedades transgénicas, así como el 83% del algodón y el 61% del maíz.

Hace ya aproximadamente 30 años que se comenzó la investigación en los procesos biotecnológicos y sus aplicaciones. La biotecnología fue vista, y aún lo es, como la ciencia que ofrece las perspectivas de cambios en las materias primas para la industria alimentaria; esto es, a través de la manipulación genética, la producción de nuevas variedades de semillas, plantas resistentes a condiciones de crecimiento adversas, etc. Así también, la biotecnología puede ofrecer cambios en los animales utilizados en la alimentación, en

su productividad, en la composición de su carne y en las producciones de su leche y huevos.

Organismos transgénicos

Un organismo transgénico es aquel que ha sufrido la alteración de su material hereditario (genoma) por la introducción artificial (manipulación genética) de un gen exógeno, esto es, proveniente de otro organismo completamente diferente. Los organismos transgénicos muestran que aparentemente no existen barreras para mezclar los genes (ADN) de dos especies diferentes. A mediados de los años sesenta se comenzaron a inventar bioherramientas moleculares con las cuales se podía componer y descomponer al ADN, lo que permitió intercambiar fragmentos específicos de la materia hereditaria de distintas especies e incluso transferirlos a microorganismos como las bacterias. Después se descubrió que esta práctica la venía haciendo la naturaleza desde hace millones de años con los vegetales a través de la bacteria llamada *Agrobacterium tumefaciens*.

Actividades

- ¿Qué es un organismo transgénico?
- ¿Creen que es factible que suceda algo como lo que se representa en el chiste? ¿Por qué?
- Piensen en características de animales o plantas que serían útiles que se encuentren en un solo organismo, el cual se podría crear con métodos de ingeniería genética.

Ingeniería genética en las plantas

Los científicos especialistas en agricultura han dotado a una gran cantidad de plantas de cultivos con genes que les confieren características deseables, como por ejemplo, retraso en la maduración y resistencia al daño y a la enfermedad. Las plantas son más fáciles de modificar por ingeniería genética que la mayoría de los animales. En muchas especies de plantas, una sola célula tisular cultivada puede originar una planta adulta.

La ingeniería genética mejora la resistencia obteniendo genotipos resistentes a herbicidas o plagas (que dependen de un gen o de pocos genes), enfermedades y condiciones ambientales adversas. Por ejemplo, las plantas modificadas con un gen bacteriano que las hace resistentes a los herbicidas pueden crecer mientras que las malezas se destruyen. Asimismo, el hecho de que se puedan manipular las plantas mediante ingeniería genética para poder resistir la acción de micro-organismos e insectos destructivos redujo la necesidad de utilizar insecticidas químicos, lo cual genera beneficios tanto para los consumidores como para el medio ambiente. Pero también permite mejorar las características agronómicas, obteniendo nuevos genotipos que se adaptan mejor a las exigencias y aplicación de la mecanización de la agricultura. El genoma del tomate, uno de los cultivos más importantes del mundo, fue descifrado por un grupo de investigadores y este hallazgo permitirá estudiar mecanismos genéticos y moleculares determinantes de la nutrición, el sabor y la calidad de los frutos del cultivo.

Asimismo, es muy útil para mejorar y aumentar la calidad, atendiendo, por ejemplo, al valor nutritivo de los productos vegetales obtenidos. Por ejemplo, los científicos desarrollaron plantas de arroz que producen granos de arroz amarillos con betacarotenos, que nuestro cuerpo utiliza para sintetizar vitamina A. Este arroz "dorado" podría ayudar a evitar la deficiencia de vitamina A, que desencadena alteraciones de la vista, infecciones frecuentes, alteraciones de la piel y los ojos (xerodermia y xeroftalmia), retraso mental y del crecimiento. La patente del arroz dorado ha sido eliminada para facilitar su distribución entre los agricultores de los países pobres y, así, conseguir que este cereal llegue a la población sin restricciones.

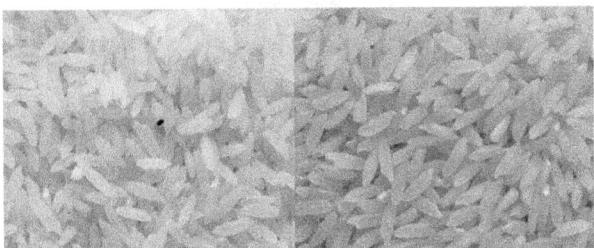

El arroz dorado está modificado genéticamente para contener una gran cantidad del precursor de la vitamina A (betacaroteno).

Otras aplicaciones de la ingeniería genética a los cultivos

La ingeniería genética también permite adaptar las variedades de las especies ya cultivadas a nuevas zonas geográficas con características climáticas o edafológicas extremas, extendiendo el área de explotación. Además, permite domesticar nuevas especies, transformando aquellas que son silvestres en útiles y rentables para el hombre.

La sequía es una amenaza generalizada para la agricultura mundial y una de las principales causas de la pérdida de cultivos. Los investigadores incorporaron a diversos cultivos genes de especies vegetales resistentes a la falta de agua, lo que redujo su deshidratación en época de sequía al tiempo que también se logró disminuir la cantidad de agua necesaria para su riego. De igual manera, con el fin de aumentar la resistencia de los cultivos a las bajas temperaturas o las heladas, se está estudiando la posibilidad de incorporar genes o grupos de genes de especies adaptadas a climas extremos que otorgarían a las plantas una mayor tolerancia al frío.

Grandes extensiones de la superficie terrestre se encuentran actualmente inutilizables por ser excesivamente salinas o alcalinas. Los científicos lograron identificar, clonar y transferir a algunas plantas un gen de tolerancia a la sal que permitiría el desarrollo de la agricultura en tierras marginales.

En varios países del mundo han surgido grupos opuestos a los organismos genéticamente modificados, formados principalmente por ecologistas, asociaciones de derechos del consumidor, algunos científicos y políticos. Exigen el etiquetaje de estos productos, por sus preocupaciones sobre seguridad alimentaria, impactos ambientales, cambios culturales y dependencias económicas. El impacto beneficioso en cuanto a economía, estado medioambiental del ecosistema aledaño al cultivo y en la salud del agricultor ha sido descripto, pero las dudas respecto de consecuencias a partir de su consumo, como la posible aparición de alergias, cambios en el perfil nutricional, dilución del acervo genético y difusión de resistencias a antibióticos, también.

"Por una alimentación y una agricultura libres de transgénicos".

Manifestación
Sábado 18 de Abril

11.30 h. Paraninfo Universidad Zaragoza (Pza Paraíso)

NO QUIERO TRANSGÉNICOS

Actividades

* Den algún ejemplo de plantas transgénicas que conozcan.
* ¿Cuáles son algunos de los beneficios de producir plantas transgénicas?

Animales transgénicos

La tecnología del ADN se emplea de forma habitual para sintetizar vacunas y hormonas de crecimiento para tratar a los animales de granja. De manera experimental, los científicos también pueden introducir un gen de un animal en el genoma de otro, lo que convierte al segundo animal en transgénico. Con este fin, los científicos obtienen óvulos de una hembra y la fertilizan in vitro. Mientras tanto clonan el gen de interés de otro organismo e inyectan el ADN clonado directamente en el núcleo de los óvulos fertilizados. Algunas de las células integran el ADN extraño, es decir el transgén, en sus genomas y son capaces de expresar el gen extraño.

Los embriones manipulados se implantan en una madre sustituta mediante cirugía. Si se desarrolla un embrión con éxito, el resultado es un animal transgénico que contiene un gen de un tercer "padre", que podría incluso pertenecer a otra especie.

Los objetivos de la creación de un animal transgénico suelen ser los mismos que los de la crianza tradicional; por ejemplo, crear una oveja con mejor calidad de lana, un cerdo con carne más magra, o una vaca que se desarrolle en menos tiempo. Por ejemplo, los científicos podrían identificar y clonar un gen que pro-

duzca el desarrollo de músculos más grandes (los músculos constituyen la mayor parte de la carne que ingerimos) en una variedad de ganado y transferirlo a otra, o incluso, a una oveja. Así también es importante la implantación de genes para fortalecer el sistema inmunológico del animal, de manera que sea más resistente o incluso inmune a ciertas enfermedades. Hay terneros resistentes a la mastitis, disentería y cólera. En ciertos casos esta inmunidad se puede transmitir a los descendientes.

Estas dos hembras de ratón son crías pequeñas de la misma camada. El óvulo fecundado del que se desarrolló la hembra de la izquierda fue inyectado con un gen que consistía en las secuencias promotora y reguladora de un gen de ratón combinadas con el gen estructural de la hormona de crecimiento humana.

Clonación animal

La clonación es el proceso científico mediante el cual se crea, a partir de una célula de un individuo, otro idéntico al anterior. La clonación reproduce de modo perfecto los aspectos fisiológicos y bioquímicos de una célula en todo un individuo. Esto es posible porque mediante un proceso de reproducción artificial se aportan los genes necesarios en la célula. Estos genes son los que determinan las características del nuevo individuo, a diferencia de lo que ocurre en la reproducción sexual, donde el individuo es resultado de un proceso de fecundación y de la aportación genética de una célula de la madre y una célula del padre.

La clonación nos permite contar con muchas copias idénticas de animales que nos interesan por diversos motivos: por sus características naturales (producción de leche, salud, longevidad...) o por características que hemos introducido nosotros gracias a las nuevas tecnologías de manipulación genética.

En los últimos años se ha presenciado un desarrollo espectacular de técnicas que permiten manipular genéticamente animales y plantas. El caso de Dolly es un ejemplo. La oveja del Instituto Roslin era parte de un ambicioso programa de la empresa PPL Therapeutics que tenía como objeto obtener a gran escala animales modificados genéticamente que produjeran en su leche proteínas humanas de interés terapéutico. El proceso de obtención de animales transgénicos es complejo y da lugar a pocos individuos, al menos si se considera desde el punto de vista de la producción a gran escala. La clonación permitiría contar con un gran número de los animales más adecuados. Otra aplicación es la posibilidad de contar con muchas copias de animales modificados genéticamente para que sus órganos no produzcan rechazo al ser transplantados al hombre (xenotranplantes).

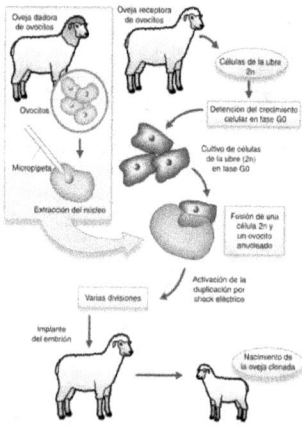

Esquema del proceso que permitió clonar un mamífero a partir de una célula adulta.

La clonación permitiría además ampliar las posibilidades de manipulación genética. Las células en cultivo de las que se parte en la clonación son un material muy adecuado para introducir o eliminar determinados genes y se ampliarían mucho las posibles modificaciones genéticas que las técnicas actuales no permiten.

Disponer de copias idénticas de determinados animales sería muy útil para la investigación. Concretamente para conocer con más precisión cómo afecta la variabilidad genética entre individuos o la presencia de determinadas mutaciones al desarrollo de ciertas enfermedades.

- El primer antecedente de un mamífero clonado es la oveja Dolly, realizado por científicos del Instituto Roslin, de Escocia, en 1996.
- Los primeros terneros clonados nacieron en Estados Unidos en 1998: fueron bautizados como "Charly" y "George".
- También Japón clonó un ternero en 1999. Y repitió la experiencia un año más tarde.
- En marzo de 2001, en Brasil, nació "Victoria", la primera vaca clonada de Sudamérica. Utilizaron una técnica de extracción de células embrionarias.
- "Pampero" fue el primer ternero macho transgénico del mundo. Nació en Buenos Aires, en diciembre de 2004. Por el método utilizado de clonación, el macho es capaz de transmitir una hormona de crecimiento.
- "Ñandubay" se llama el primer caballo que nació en Argentina mediante la técnica de clonación. Es hijo de un padrillo de la raza criolla (que donó para el experimento una célula de su piel), de una yegua anónima (de la que tomaron un óvulo no fecundado), y de otra yegua receptora que albergó el embrión dentro de su vientre.

Actividades

- Esquematicen brevemente el proceso de clonación de un animal.
- ¿Conocen algún ejemplo de animales creados por el proceso de clonación? Expliquen qué características distintivas tiene.

La biotecnología y la medicina

La aplicación comercial de la tecnología del ADN recombinante se inició al final de los años setenta, siendo los pioneros pequeñas compañías de biotecnología que arriesgaron su capital para producir proteínas tales como el activador tisular del plasminógeno, eritropoyetina y factores estimulantes de la colonia mieloide, con el objeto de utilizarlas directamente como agentes terapéuticos. Otras compañías de biotecnología concibieron la explotación de un mercado potencial de vacunas recombinantes.

La hormona del crecimiento humano (HCh) y la insulina humana fueron dos de los primeros productos proteicos recombinantes que se comercializaron. La fuente tradicional de HCh (cerebros de cadáveres humanos) presentaba el doble inconveniente de su limitado suministro y de su posible contaminación por patógenos humanos. Lograr producir HCh recombinante, en la bacteria *Escherichia coli*, constituyó una hazaña que permitió satisfacer fácilmente la demanda mundial de HCh (para el tratamiento de dwarfismo hipopituitario) con un producto seguro. La producción de insulina recombinante humana fue menos espectacular, ya que la diabetes había sido tratada durante muchos años con insulina animal. No obstante, parecía lógico que la proteína humana causara menos complicaciones inmunológicas y por eso lograr una fuente recombinante adecuada constituía un objetivo atractivo. Ese producto se comercializó por primera vez en el Reino Unido en 1982, y en 1989 ya era la forma más común usada por los pacientes diabéticos.

Para otras muchas proteínas la tecnología del ADN recombinante supuso el único procedimiento realista para la síntesis de las cantidades requeridas por el uso terapéutico.

En la siguiente tabla se muestran ejemplos de proteínas recombinantes que han obtenido la licencia para su uso terapéutico.

Proteína	Uso clínico
Insulina	Diabetes
Hormona del crecimiento	Dwarfismo hipopituitario
Activador tisular del plasminógeno	Lisis del coágulo
Eritropoyetina	Anemia
G-CSF (factor estimulante de colonias de granulocitos)	Quimioterapia anticancerosa
GM-CSF (factor estimulante de colonias de granulocitos y macrófagos)	Trasplantes de medula ósea
Factor VIII	Hemofilia
Interferón – α	Cánceres, hepatitis B, leucemia
Interferón – β	Cánceres, esclerosis lateral amiotrópica, verrugas genitales
Interferón – γ	Cánceres, complejo relacionado con el SIDA, osteoporosis
Antígeno de superficie de la hepatitis B	Vacuna de la hepatitis B

Los animales transgénicos también se han manipulado genéticamente para ser "fábricas" farmacéuticas: productores de una gran cantidad de una sustancia biológica que se emplea en medicina y aparece con escasa frecuencia de forma natural. Por ejemplo, se puede insertar un transgén que codifica una proteína humana específica, como una hormona o un factor de coagulación de la sangre, en el genoma de un mamífero de granja, de manera tal que el producto del transgén se secrete a través de la leche del animal. Luego es posible purificar la proteína de la leche generalmente con mayor facilidad que de un cultivo de células. Actualmente, los investigadores han creado pollos transgénicos que expresan grandes cantidades del producto transgénico en sus huevos. Su éxito sugiere que los pollos transgénicos podrán representar fábricas de fármacos relativamente económicas en un futuro próximo.

De igual manera, la industria farmacéutica, comenzó a desarrollar plantas "farmacéuticas", las cuales desarrollan proteínas humanas para uso médico y proteínas virales para emplear como vacunas. Varios de estos productos se evalúan en ensayos clínicos, como por ejemplo, vacunas contra la hepatitis B y un anticuerpo producido en plantas de tabaco transgénicas que interfieren con las bacterias que ocasionan las caries. Se podrían sintetizar grandes cantidades de estas proteínas en forma más económica que en cultivos de células.

Cabras y ovejas que pueden producir leche con medicamentos.

Otro importante papel de la biotecnología es la utilización de animales para experimentar posibles tratamientos de enfermedades humanas. Se están desarrollando diversos organismos que, gracias a la introducción en su ADN de ciertos genes humanos, son capaces de producir proteínas humanas que pueden ayudar a tratar ciertas enfermedades. Algunos ejemplos de estos mecanismos son: 1) vacas, ovejas y cabras cuya leche puede ser usada para tratar la diabetes, el enfisema pulmonar o la hemofilia. 2) el pez Tilapia puede producir insulina humana para diabéticos. 3) cerdos que contienen hemoglobina humana en sus glóbulos rojos.

Gracias a la implantación de genes humanos, animales como el cerdo se convierten en posibles donantes de órganos ya que llevan en su ADN el antígeno regulatorio del complemento humano, es decir, que evita que se produzca el rechazo hiperagudo típico en trasplantes entre especies distintas.

Actividades

• ¿Cuáles fueron los primeros productos proteicos recombinantes que se comercializaron?
• ¿Por qué es importante la creación de plantas "farmacéuticas"? ¿Qué beneficios nos pueden traer?

1. Extracción de pigmentos de plantas verdes

El objetivo de esta experiencia es extraer los pigmentos de las hojas de una planta verde y separarlos sobre distintas superficies, papel y tiza. Para eso emplearán una técnica que se denomina cromatografía. Los pigmentos se separan a diferentes alturas según su afinidad al papel (o tiza) o al alcohol.

Materiales:

- Mortero
- Embudo
- Frasco
- Papel de filtro
- Tiza blanca
- Alcohol
- Pétalos de flores
- Hojas de espinaca
- Hojas de remolacha
- Otras hojas verdes
- Gotero
- Broche de madera

Procedimiento:

a. Lavar las hojas de espinacas, cortarlas en pedacitos y colocarlas en un mortero, junto con el alcohol.
b. Triturar la mezcla hasta que el disolvente adquiera un color verde intenso.
c. Filtrar con un embudo y papel de filtro.
d. Repetir la operación con la acetona.

A. Separación en tiza

a. Colocar medio centímetro de altura del filtrado en una placa de Petri.
b. Sumergir dentro del extracto la base ancha de la tiza, y dejarla entre 3 y 5 minutos.
c. Pasado ese lapso, retirar la tiza, y colocarla en un vaso que contenga ½ centímetro de altura de alcohol.
d. Dejar la tiza en el alcohol y observar qué sucede.
   Atención: es importante que la línea de extracto en la tiza no quede sumergida en el alcohol.

B. Separación en papel de filtro

a. Cortar una tira de papel de filtro de unos 10 centímetros de alto.
b. Colocar con el gotero una gota del extracto, a un centímetro del borde. Dejarlo secar. Colocar luego sobre esa gota otra, y dejarla secar. Repetir esto, colocando entre 8 y 10 gotas de extracto.
c. Sumergir la tira de papel en un frasco con alcohol y esperar una hora.
d. Observar los resultados.
   Atención: es importante que la línea de extracto en el papel no quede sumergida en el alcohol.

Resultados y conclusiones:

a. ¿De qué color es el extracto obtenido de la planta?
b. Según la respuesta anterior, ¿qué pigmento pueden asegurar que tiene este extracto?
c. Según los resultados, ¿podrían decir que esta planta verde tiene otros pigmentos? Averigüen los nombres de estos pigmentos.
d. ¿Por qué no se ven normalmente estos pigmentos? ¿Qué función cumplen?

2. Efecto de la temperatura en las propiedades de las membranas

El objetivo de esta experiencia es estudiar cómo algunos factores afectan el funcionamiento de las membranas celulares.

A. EFECTO DE LA TEMPERATURA

En este ejercicio se usará la planta de remolacha (*Beta vulgaris*), cuyas células almacenan en la vacuola central el pigmento violeta betacianina.

Materiales:

- Agua destilada
- Baño de agua a 70 °C
- Baño de agua a 37 °C
- Agarradera de tubo de ensayo
- Sacabocados
- Termómetro
- Regla
- Bisturí
- Plato para calentar
- Gradilla para tubos de ensayo
- Dos vasos de 150 a 200 ml
- Una remolacha
- Seis tubos de ensayo
- Vaso con hielo
- Aguja de disección
- Probetas o pipetas de 5 ml

Procedimiento:

a. Cortar seis pedazos de remolacha (15 mm de largo) con un sacabocado y colocarlos en tubos de ensayo rotulados del 1 al 6.

b. Añadir 5 ml de agua al tubo 6 y colocarlo en el congelador por 30 min.

c. Añadir 5 ml de agua al tubo 5 y colocarlo en el baño de hielo por 30 min.

d. Añadir 5 ml de agua al tubo 1 y colocarlo en un baño de agua caliente a 70 °C durante 1 min. Después de 20 min, remover el pedazo de remolacha del tubo.

e. Dejar que la temperatura del baño baje a 55 °C y hacer lo mismo con el tubo 2.

f. Repetir el procedimiento de arriba con el tubo 3 a 37 °C y con el tubo 4 a 20 °C.

g. Comparar la intensidad de color de las soluciones en los tubos.

h. Colocar los resultados (intensidad de color vs. temperatura) en la tabla.

Tubo	Temperatura	Intensidad del color (1=menos intenso; 6=más intenso)
1	70 °C	
2	55 °C	
3	37 °C	
4	20 °C	
5	En el baño de hielo	
6	En el congelador	

i. ¿Qué tubo mostró más intensidad de color?

j. ¿Qué indica la intensidad de color?

k. ¿Cómo afectan las temperaturas altas a las membranas celulares?

l. ¿Qué le pasa a las células en temperaturas bajas?

El método científico

El método científico es un proceso destinado a explicar fenómenos, establecer relaciones entre los hechos y enunciar leyes que expliquen los fenómenos físicos y químicos del mundo y permitan obtener, con estos conocimientos, aplicaciones útiles al hombre.

El método científico consiste en la realización de una serie de procesos específicos que utiliza la ciencia para adquirir conocimientos. Estos procesos específicos son una serie de reglas o pasos, bien definidos, que permiten que al final de su realización se obtengan resultados fiables.

Los científicos emplean el método científico como una forma planificada de trabajar. Sus logros son acumulativos y han llevado a la humanidad al momento cultural actual.

Pero la tarea de la ciencia no se detiene, y tanto las leyes como las teorías van cambiando a lo largo del tiempo. Es decir, los conocimientos científicos formulados bajo estas formas son hipotéticos, ya que pueden ser refutados posteriormente.

Pasos del método científico:
- Observación
- Planteo del problema o pregunta
- Construcción de la hipótesis
- Recopilación de datos
- Diseño de experiencias
- Generación de conclusiones de valor predictivo

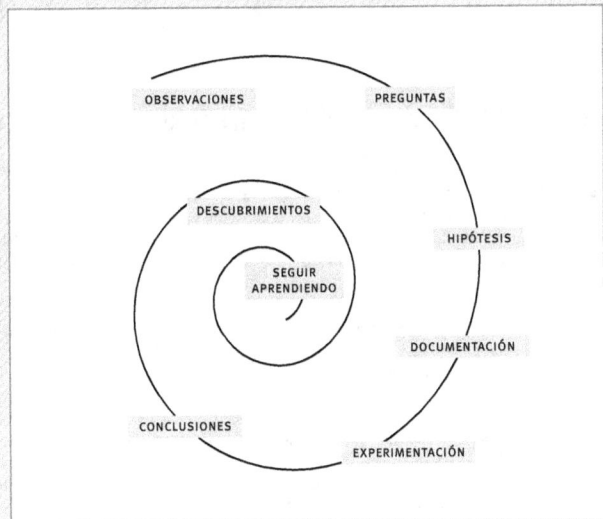

Observación: el interés científico sobre un tema requiere del investigador actitudes y aptitudes para observar los fenómenos naturales. En la medida en que vamos adquiriendo mayor información sobre los fenómenos crece nuestra capacidad de explorar y profundizar hasta que lleguemos a un punto en donde surge la necesidad de investigar.

Problema o pregunta: como consecuencia de las observaciones, de su propio razonamiento, de las preguntas que se ha formulado y del objetivo científico que se ha planteado, el investigador selecciona el problema que será el motivo de su investigación.

Hipótesis: es una respuesta anticipada, que se da a una posible solución de un problema. Esta hipótesis surge al tratar de explicar un problema, pero debe verificarse con la experimentación. Constituye una explicación preliminar de las relaciones entre los hechos. La hipótesis propuesta debe ser coherente con lo que se pretende explicar. Cuanto más simple sea, es más fácil demostrarla o rechazarla.

Recopilación de datos y diseño de experimentos: construcción de un referente teórico (también se le denomina marco teórico). El investigador necesita saber con precisión cuáles son los aportes anteriores que se han hecho sobre el problema planteado, no solo para aumentar la información relacionada, sino también para evitar investigar lo ya investigado. La experimentación, que consiste en la verificación o comprobación de la hipótesis, determina la validez de las posibles explicaciones que nos hemos dado y determina que una hipótesis se acepte o se deseche.

Conclusiones: una vez obtenidos todos los datos (en algunos casos se analizan realizando tablas, gráficos, etcétera), se comprueba si las hipótesis emitidas eran o no ciertas. Si haciendo varios experimentos similares se obtiene siempre la misma conclusión, se pueden generalizar los resultados y emitir una teoría.

Ciencia, conocimiento y método científico

Es indudable el importante papel que desempeña la ciencia en la sociedad contemporánea, no solo en lo que respecta a sus aplicaciones tecnológicas sino también por el cambio conceptual que ha inducido en nuestra comprensión del universo y de las comunidades humanas. La tarea de comprender qué es la ciencia importa porque, a la vez, es comprender nuestra época, nuestro destino y, en cierto modo, comprendernos a nosotros mismos. [...]
Cuando se formula una afirmación y se piensa que ella expresa conocimiento, ¿qué condiciones debe cumplir? Según lo expone Platón en su diálogo *Teetetos*, tres son los requisitos que se le deben exigir para que se pueda hablar de conocimiento: creencia, verdad y prueba. En primer lugar, quien formula la afirmación debe creer en ella. Segundo, el conocimiento expresado debe ser verdadero. Tercero, deberá haber pruebas de ese conocimiento. [...]

En la actualidad, ninguno de los tres requisitos se considera apropiado para definir el conocimiento científico. La concepción moderna es más modesta y menos tajante que la platónica, y el término "prueba" se utiliza para designar elementos de juicio destinados a garantizar que una hipótesis o una teoría científica son adecuadas o satisfactorias de acuerdo con ciertos criterios [...] Ya no exigimos del conocimiento una dependencia estricta entre prueba y verdad. Sería posible que hubiéramos probado suficientemente una teoría científica sin haber establecido su verdad de manera concluyente, y por tanto, no debe extrañar que una teoría aceptada en cierto momento histórico sea desechada más adelante.

Klimovsky, Gregorio, *Las desventuras del conocimiento científico*, Buenos Aires, AZ Editora, 1997.

Biotecnología enzimática

Se cuenta que alrededor del año 3000 a. C. en Egipto, un aprendiz de panadero descuidó una masa ya preparada que quedó expuesta al aire durante más tiempo que el acostumbrado. La superficie húmeda de la masa se hinchó y aumentó mucho su volumen. Se cree que este fue el primer pan blando y esponjoso.

Algo similar habría sucedido con la cerveza. Según un grabado que se remonta a 4000 años a. C., un pan olvidado se humedeció y se transformó en una pulpa de la que se extraía un líquido que, según expresa el grabado "transforma la gente en alegre, extrovertida y feliz".

También cuenta una leyenda que un pastor árabe, de regreso a su casa después de una larga jornada en el campo, guardó la leche ordeñada de sus ovejas dentro de una bolsa hecha con la tripa de un ternero; después de caminar y caminar a pleno sol, abrió la bolsa para saciar su sed y se sorprendió cuando encontró que la leche estaba separada en dos partes: un líquido acuoso pálido y un cuajo (grumo) blanco sólido.

Hoy se sabe que la obtención del pan y la cerveza fueron resultado del proceso de fermentación alcohólica, uno de los procesos enzimáticos más antiguos. Y que la producción del queso a partir de la leche también se debe a un proceso enzimático.

Las enzimas son una clase especial de proteínas que aceleran la velocidad de las reacciones químicas que ocurren en una célula. Por esto se las conoce como "catalizadores biológicos". Las enzimas ayudan en procesos esenciales tales como la digestión de los alimentos, el metabolismo, la coagulación de la sangre y la contracción muscular, así como también se utilizan en varios procesos industriales. El modo de acción es específico ya que cada tipo de enzima actúa sobre un tipo particular de reacción y sobre un sustrato determinado.

Las enzimas funcionan correctamente dentro un limitado rango de temperatura y pH. En condiciones de temperatura elevada o pH alto (por encima de las condiciones óptimas para su funcionamiento), se rompen las uniones débiles y se desarma la estructura tridimensional de la proteína (se desnaturaliza) y pierde su capacidad para actuar como enzima.

La mayoría de los procesos biotecnológicos tradicionales como la obtención de yogur, la producción de cerveza o la fermentación de la uva para fabricar vino, son realizados por las enzimas que cada microorganismo produce para su particular metabolismo. Sin embargo, también es posible realizar los procesos biotecnológicos con las enzimas, en ausencia de los microorganismos.

La mayoría de las enzimas industriales se extraen de bacterias y hongos.

El área de la biotecnología llamada biotecnología enzimática trabaja en el campo de las fermentaciones en el procesamiento de alimentos, así como en la mejora genética de microorganismos para su aplicación a la producción de proteínas y enzimas de uso alimentario.

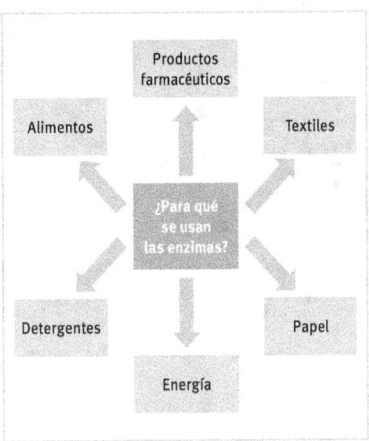

Esquema de algunas aplicaciones industriales de las enzimas.

Aplicaciones biotecnológicas

La fermentación alcohólica es un ejemplo conocido de los procedimientos en que se efectúan alteraciones enzimáticas, tanto cuando se agrega alguna enzima como cuando se añade algún microbio vivo que las contiene (por ejemplo. en levaduras).

Otro ejemplo es la fabricación de queso, en el cual se utiliza la enzima renina para producir la coagulación de las proteínas de la leche (caseína), que luego se trata para convertirla en queso. Si bien, originariamente, esta enzima era extraída del cuajo de terneros, hoy en día se está utilizando enzima quimosina de origen recombinante.

La elucidación de los mecanismos enzimáticos implicados en el proceso de biodegradación de la lignina está proporcionando nuevas herramientas biotecnológicas para un mejor aprovechamiento de la biomasa vegetal en sectores industriales, tales como la producción de pasta de papel y la obtención de biocombustibles.

Otra aplicación biotecnológica de las enzimas es la producción de energía, a partir de fuentes orgánicas en vez de combustibles fósiles, no renovables. Cada año crecen unos 200 mil millones de toneladas de biomasa (madera, cereales, etc.), de las cuales se usan sólo un 3%. Por lo tanto, este rubro ofrece un enorme potencial que puede ser aprovechado.

La tecnología enzimática tiene como objetivo superar aquellos inconvenientes que puedan retrasar la aplicación de las enzimas en procesos a escala industrial. Esta área tiene aplicaciones desde tiempos remotos, y actualmente se utiliza en diferentes industrias, ya que implica la utilización de sistemas enzimáticos diversos que optimizan el procesamiento en la obtención de detergente, aditivos alimenticios, productos químicos y farmacéuticos. La tecnología enzimática se presenta como alternativa biotecnológica para que las industrias desarrollen productos de calidad homogénea, aprovechen óptimamente sus materias primas, aceleren sus procesos de producción, minimicen desperdicios y disminuyan el deterioro del medio ambiente.

En la fabricación de queso se utiliza la enzima renina, mientras que para producir el queso azul se utiliza el hongo *Penicillium*.

Actividades

• Den algunos ejemplos de los beneficios médicos que pueden brindar los animales gracias a la ingeniería genética.

Biorremediación ambiental

En la actualidad se emplea en forma creciente la capacidad notable de algunos microorganismos para transformar compuestos químicos y, de esta manera, limpiar el medio ambiente. Por ejemplo, muchas bacterias pueden extraer del ambiente metales pesados, como por ejemplo, cobre, plomo y níquel, e incorporarlos en compuestos como sulfato de cobre o sulfato de plomo, reciclables con facilidad. Los microorganismos modificados por ingeniería genética podrían adquirir importancia tanto para obtener minerales (sobre todo, a medida que las reservas de minerales se acaban) y para eliminar desechos de minería muy tóxicos. Los biotecnólogos también intentan modificar a los microorganismos para que degraden hidrocarburos clorados y otros compuestos nocivos. Estos microorganismos podrían emplearse en plantas de tratamiento de desechos de agua o por los fabricantes, antes de que los compuestos se eliminen hacia el medio ambiente.

Un área de investigación relacionada con esta es la identificación y la modificación mediante ingeniería de microorganismos capaces de detoxificar desechos tóxicos específicos en derrames tóxicos o en basurales. Por ejemplo, se han desarrollado cadenas bacterianas que pueden degradar algunos de los productos químicos liberados durante los derrames de petróleo. Mediante el traslado de los genes responsables de estas transformaciones hacia organismos diferentes, los bioingenieros pueden ser capaces de desarrollar cepas aptas para sobrevivir a las condiciones ambientales inhóspitas de los desastres y detoxificar los residuos.

El desastre ocasionado por la petrolera British Petroleum (BP) en el Golfo de México podría estar siendo combatido silenciosamente por microorganismos psicrófilos degradadores de hidrocarburos.

Los basurales son áreas importantes donde se pueden utilizar microorganismos detoxificantes.

Actividades

- ¿Qué es una enzima? Den tres ejemplos de enzimas que son importantes en diferentes procesos industriales.
- Investiguen acerca de desastres ecológicos en los cuales la biotecnología pueda ser de utilidad.

1. Escriban verdadero (V) o falso (F) según corresponda en cada una de las siguientes afirmaciones. En caso de que sea F, reescríbanla para que resulte correcta.

- La biotecnología se utiliza especialmente en la agricultura, farmacia, ciencia de los alimentos, medio ambiente y medicina.
- Gregor Mendel fue importante para la biotecnología porque descubrió la estructura del ADN.
- La Argentina es el país de América que cuenta con más empresas dedicadas a la producción de medicamentos, semillas y técnicas para la reproducción humana asistida.
- Un plásmido es un vector usado para transferir ADN en una célula viva.
- Un transgénico es un animal o una planta que poseen en su genoma genes de diferentes especies.
- Las plantas se manipulan con mayor facilidad mediante ingeniería genética que los animales porque una célula vegetal somática puede originar una planta completa.
- El arroz dorado está modificado genéticamente para contener una gran cantidad del precursor de la vitamina C.
- "Ñandubay" es un caballo clonado de la célula de la piel de un padrillo de raza criolla.

2. Lean el siguiente texto y responda las preguntas:

El objetivo de la investigación de la clonación humana nunca ha sido el de clonar personas o crear bebés de reserva. La investigación tiene como objetivo obtener células madre para curar enfermedades.

Por lo general, la comunidad científica a nivel mundial se opuso fuertemente a cualquier hipótesis de clonar a un bebé. Los médicos evalúan los riesgos de la clonación humana como muy elevados.

Sin embargo, hay quien está de acuerdo con la clonación para la obtención de un bebé. Algunos, incluso, pueden ser padres que perdieron un hijo y que quieren sustituirlo, o pueden ser personas que desean tener hijos pero que no lo consiguen de la manera tradicional.

a. ¿Qué opinan de la clonación humana?
b. ¿Cuáles serían las ventajas y desventajas de este tipo de manipulación genética?
c. ¿Están de acuerdo con esta tecnología? ¿En qué circunstancias la utilizarían?

3. Observen la siguiente imagen. Describan con qué área de la biotecnología está relacionada y cuál es la intención del afiche. Discutan sus opiniones al respecto.

Declaró "región libre de transgénicos". diario3

6

Los ecosistemas

Si supiera que el mundo se ha de acabar mañana,
yo hoy aún plantaría un árbol.

Martin Luther King, Jr (1929-1968).

Amazonia, selva virgen o agricultura extensiva

Brasil se enfrenta al dilema de seguir con la generalizada y rentable destrucción del bosque lluvioso o intensificar los esfuerzos para su conservación.

En el rato que se tarda en leer este artículo, un área del bosque lluvioso de Brasil equivalente a 150 campos de fútbol habrá sido destruida. El mercado de la globalización está invadiendo la Amazonia, precipitando la desaparición del bosque y frustrando la labor de sus guardianes más comprometidos.

En los últimos 30 años han muerto cientos de personas en guerras territoriales; muchos otros, amenazados por quienes se benefician del robo de madera y de tierras, viven con miedo e incertidumbre. En esta nueva versión del salvaje Oeste americano, con armas, motosierras y *bulldozers*, la corrupción e ineficacia de los agentes gubernamentales es habitual.

Ahora, los productores de soja se suman a madereros y ganaderos en la lucha por la tierra, acelerando la destrucción de la selva brasileña. En los últimos 40 años se ha talado cerca del 20% del bosque lluvioso amazónico, más que en los 450 años anteriores, desde que comenzó la colonización europea. El porcentaje podría ser mucho mayor; la cifra

no contempla la tala selectiva, que causa daños significativos pero no es tan fácilmente observable como la que corta a mata rasa, que genera claros pelados.

Los científicos temen que en los próximos 20 años se pierda otro 20% de los árboles. Si esto ocurre,

la ecología del bosque empezará a desmoronarse. Intacta, la Amazonia genera la mitad de sus propias precipitaciones gracias a la humedad que libera a la atmósfera.

Scott Wallace, *Revista National Geographic*, enero de 2007.

1. En un mapa, ubiquen geográficamente la Selva Amazónica. ¿Sobre qué países se extiende?
2. La Selva Amazónica suele llamarse "el pulmón verde" del planeta. ¿Qué se quiere decir con esta expresión?
3. Discutan con sus compañeros al menos tres consecuencias de la deforestación indiscriminada de este ecosistema natural.

Los ecosistemas

Arthur George Tansley fue el primero en desarrollar el concepto de ecosistema, y el siguiente es un fragmento de la definición enunciada por él que fue publicada en la revista *Ecology* en 1935.

Tansley (1871-1955) fue uno de los fundadores de la British Ecological Society, y editor de la Revista *Ecology* durante veinte años.

"El concepto más fundamental es [...] el sistema completo, el cual incluye no solo al complejo de organismos, sino también, el entero complejo de factores físicos que forman lo que llamamos ambiente [...] No podemos separar (a los organismos) de su ambiente particular, junto con el cual forman un único sistema físico [...] Son los sistemas así formados los que conforman las unidades básicas de la naturaleza sobre la faz de la tierra [...] Estos ecosistemas, como así los podemos denominar, son de las más variadas clases y tamaños."

En nuestra vida cotidiana estamos acostumbrados a tratar con sistemas. El aula, la escuela o la ciudad son sistemas cuya estructura nos resulta familiar y de los cuales formamos parte. Si bien cada uno de nosotros es un individuo con características únicas, para describir la estructura de un sistema agrupamos individuos de acuerdo a una serie de características comunes. Así, en el sistema "escuela" podemos reconocer el conjunto de los alumnos, docentes, no-docentes, padres y autoridades. Este agrupamiento de individuos no es el único posible. Podríamos dividir el componente "alumnos" en "alumnos de primer año" y en "alumnos de años superiores". Análogamente el componente "docentes" podría ser dividido en "docentes de ciencias exactas y naturales", "docentes de materias humanísticas" y "docentes de materias artísticas". Al hacer este nuevo agrupamiento estaremos definiendo una nueva estructura para nuestra representación del sistema "escuela", para nuestro modelo de "escuela". Un modelo más detallado del sistema no necesariamente será mejor.

Su bondad estará asociada a la capacidad de describir los aspectos del funcionamiento que nos resulten importantes. ¿A qué hacemos referencia cuando hablamos de funcionamiento? El funcionamiento hace referencia a las interacciones, a los flujos, que tienen lugar entre los componentes del modelo de nuestro sistema. En el sistema "escuela," el flujo más importante será el de conocimiento. El funcionamiento quedará definido por la magnitud y características de este flujo.

Los componentes de los ecosistemas pueden, de manera análoga a nuestro ejemplo con el sistema escuela, ser definidos con distintos criterios o grado de agregación según el aspecto del funcionamiento a analizar.

Los ecosistemas como sistemas abiertos

Todos los seres vivos intercambian materia y energía con el medio que los rodea. Toman materia, por ejemplo, en forma de alimento y, tras modificar sus componentes mediante procesos metabólicos en el interior de sus células, eliminan otros materiales diferentes, los desechos. De manera análoga, así como se absorbe energía del ambiente (por ejemplo, la temperatura de la piel de una persona se eleva cuando se expone al sol), también se elimina energía, especialmente en forma de calor (por ejemplo, cada vez que un individuo realiza cualquier movimiento).

La estructura y el funcionamiento de un ser vivo pueden sostenerse a través del tiempo, entre otras razones, por los materiales que intercambia con su entorno. Por eso cualquier organismo es considerado un sistema obligatoriamente abierto, es decir, permite el ingreso de determinadas sustancias y elimina otras, y capta y libera energía permanentemente.

Todos los ecosistemas también son sistemas abiertos embebidos en un entorno del que reciben energía-materia (*input*) y descargan energía-materia (*output*). Desde un punto de vista termodinámico este es un prerrequisito para los procesos ecológicos. Si los ecosistemas estuviesen aislados, sin limitar con una fuente de energía de baja entropía y un sumidero de energía de alta entropía, se aproximarían al equilibrio termodinámico sin vida y sin gradientes

No existen organismos aislados sino conectados con otros. La unidad mínima teórica para cualquier ecosistema son dos poblaciones, una de las cuales fija energía y la otra descompone y recicla los residuos, pero en la realidad los ecosistemas viables son redes complejas de poblaciones que interactúan entre sí.

Actividades

- El siguiente es un esquema simplificado de un ecosistema, la línea punteada que lo encierra son los límites del mismo. Indiquen en el esquema:
  a. ¿Cuántas poblaciones interactúan?
  b. ¿Qué intercambian entre ellas?
  c. ¿De dónde proviene la energía que ingresa en el ecosistema?
- Indiquen en el esquema qué encontrarían por fuera de la línea punteada.

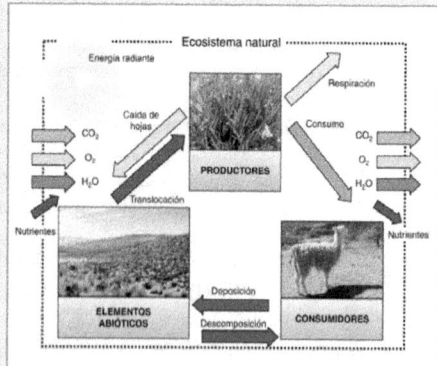

Componentes de los ecosistemas

Un ecosistema, término también empleado entre los años 1930 y 1940 por distintos autores como Roy Clapham, Raymond Lindeman, Eugen Odum y Ramón Margalef, es un tipo particular de sistema, siempre complejo, que comprende elementos físicos y biológicos. Los elementos físicos, sin vida, de un ecosistema se denominan factores abióticos, e incluyen el suelo, el agua, la temperatura, la composición de gases de la atmósfera, etcétera. El conjunto de todos los factores abióticos de un ecosistema se llama biotopo.

Los seres vivos de un ecosistema reciben el nombre de factores bióticos, y el conjunto de todos ellos, que puede abarcar organismos de miles de especies distintas, se denomina biocenosis.

El concepto de ecosistema es un modelo que intenta interpretar las múltiples relaciones que se establecen entre el ambiente físico y una comunidad.

Existen diversas formas de estudiar la organización de los ecosistemas. Una de ellas es analizar la manera en la que obtienen su alimento. En todo ecosistema, independientemente de las especies que constituyan su comunidad, podemos agrupar a las poblaciones en diferentes niveles tróficos.

El concepto de nivel trófico hace referencia, en el plano teórico, a un agrupamiento de organismos, basándose en su modo de nutrición y las relaciones alimentarias que establece con los demás seres vivos del ecosistema. Los niveles son: el de los productores, el de los consumidores y el de los descomponedores.

BIOCENOSIS

BIOTOPO

Actividades

- Existen distintos tipos de ecosistemas acuáticos como ríos, mares o lagos, y aeroterrestres como selvas, desiertos o praderas. Escriban ejemplos de ecosistemas en sus carpetas e indiquen qué constituye el biotopo y la biocenosis en cada uno.

Niveles tróficos

Los organismos se ubican dentro de niveles tróficos basados en su alimentación. Las relaciones tróficas o alimentarias representan el mecanismo de transferencia de materia y energía de unos organismos a otros en forma de alimento.

El primer nivel trófico en un ecosistema lo constituyen los productores: su fuente de energía es el Sol y sus nutrientes (inorgánicos) provienen del suelo, el agua y la atmósfera; son, por tanto, fotoautótrofos. Aunque son poco frecuentes, algunos ecosistemas están basados en productores quimioautótrofos.

El segundo nivel trófico pertenece a los herbívoros o fitófagos (comedores de vegetales), que constituyen los consumidores primarios.

Los herbívoros, a su vez, son la fuente de energía para los carnívoros, animales que se alimentan de otros animales. Aquellos que se alimentan directamente de los herbívoros son los carnívoros primarios o consumidores secundarios.

Los consumidores secundarios constituyen la fuente de energía para los carnívoros secundarios o consumidores terciarios. Todos los consumidores son organismos heterótrofos.

Los organismos omnívoros y los carroñeros o necrófagos son consumidores que no se pueden asignar a un nivel trófico concreto (¿Consumidores primarios, secundarios o terciarios?).

Por último, los descomponedores son aquellos organismos que se alimentan de fragmentos de materia orgánica muerta. En sentido estricto, los organismos descomponedores son las bacterias y los hongos, que se nutren de restos de materia orgánica y la transforman en materia inorgánica, devolviéndola al medio para que pueda ser utilizada de nuevo por los productores. Algunos autores denominan a estos, organismos transformadores.

Los organismos detritívoros o saprofitos (como las lombrices, ácaros, colémbolos, nematodos) se alimentan de fragmentos de seres vivos, y serían comparables a los necrófagos.

Todos los descomponedores, aunque especialmente, los transformadores, son esenciales para el reciclado de la materia en los ecosistemas.

En esta cadena trófica, el productor es la planta de caléndula, la langosta es el consumidor primario, el pájaro es el secundario y el gato, el terciario.

Redes o tramas tróficas

Las relaciones alimentarias suelen ser más complejas de lo que se podría imaginar a partir de la representación de una cadena trófica. En general, distintas poblaciones de animales pueden alimentarse de la misma especie vegetal y, a la vez, estas pueden constituir el alimento de otras especies animales. Debido a esto, en ecología suelen representarse dichas relaciones alimentarias a través de redes o tramas tróficas que muestran algunas de las vinculaciones posibles entre las poblaciones.

Si se quiere acotar el estudio de las relaciones tróficas solo a alguna cuestión particular, en lugar de la red, puede resultar útil graficar una cadena alimentaria que represente una secuencia de poblaciones donde la primera es comida por la segunda, esta por la tercera, y así sucesivamente. Cada una de las poblaciones constituye un nivel o eslabón de la cadena.

Actividades

- Describan estas dos redes tróficas y armen dos cadenas diferentes a partir de cada una.
- Representen los distintos niveles tróficos en forma de pirámide e indiquen de qué eslabón de la red forma parte cada uno.
- Expliquen la siguiente afirmación: "Toda red trófica se inicia en un productor".
- Investiguen si existen hongos y bacterias que no sean descomponedores.

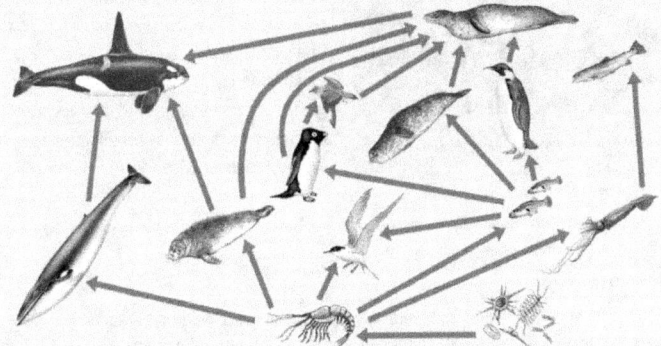

Un estudio de caso:
Cuando se rompe el equilibrio

Asuán es una ciudad ubicada en la margen derecha del Nilo, junto a la primera catarata. Se han construido en esta zona dos represas: la nueva Presa Alta de Asuán y la menor y más antigua, Presa de Asuán o Presa Baja de Asuán. La primera construcción fue iniciada por los británicos en 1899 y se concluyó en 1902. El diseño inicial tenía 1.900 metros de largo por 54 metros de alto, y pronto se descubrió que era inadecuado, por lo que se procedió a aumentar su altura en dos fases: de 1907 a 1912 y de 1929 a 1933. Cuando en 1946 estuvo a punto de desbordarse, se decidió construir una segunda presa ocho kilómetros río arriba. La construcción comenzó en 1960. La Presa Alta, El saad al Aali, fue concluida en su totalidad el 21 de julio de 1970.

Por los problemas técnicos que implicaba y la magnitud de la obra, se contrató a los mejores especialistas. La central hidroeléctrica más grande del mundo era la octava maravilla, comparable con las pirámides. El equipo profesional estaba integrado, principalmente, por geólogos que analizaron la roca sobre la que se iba a asentar la represa, ingenieros que diseñaron las obras civiles y las turbinas, y economistas que calcularon el costo de la energía. Para la vieja concepción de la ciencia no hacía falta nada más.

Fue una obra realmente faraónica, al mejor estilo de los antiguos egipcios, donde la represa formaría el lago artificial más grande del mundo: el Nasser.

Mientras se realizaban las obras se debió abrir un canal de derivación para desviar el curso del agua. Esta obra de ingeniería gigantesca resolvió problemas de falta de energía eléctrica y las terribles inundaciones que anegaban todos los campos de cultivo.

Sin embargo su construcción puso en peligro decenas de antiguos templos faraonicos diseminados en la zona que se iba a inundar, entre ellos el complejo de Abu Simbel. En 1960 una operación de rescate patrocinada por la Unesco localizó, excavó y trasladó veinticuatro de estos monumentos a ubicaciones más seguras. Pero nadie previó que en el Nilo vive un pequeño caracol de apenas un centímetro de diámetro, que es el transmisor de una enfermedad llamada esquistosomiasis. Este caracol prolifera en aguas lentas. Como el Nilo tenía aguas relativamente rápidas, había muy pocos y solamente podía reproducirse en algunos remansos. La represa, al cortar transversalmente el río, hizo más lentas sus aguas. El resultado: una explosión demográfica de caracoles, e inmediatamente cientos de miles de personas contagiadas por esta enfermedad que ya era endémica en Egipto. La momia de Tutankamón muestra las lesiones características de esta enfermedad.

Imagen satelital del lago Nasser.

Actividades

• Investiguen qué otros problemas ambientales generó la construcción de esta represa.
• ¿Cómo creen qué debería haber estado formado el equipo interdisciplinario para que esta catástrofe no ocurra?

El concepto de homeostasis aplicado a los ecosistemas

La regulación demográfica mantiene a todas las poblaciones de la comunidad biológica de un ecosistema dentro de los límites impuestos por el funcionamiento del ecosistema en conjunto. La capacidad de carga para cada especie de planta, animal o microorganismo, depende de lo que suceda con otras partes del ecosistema. Los ecosistemas también mantienen sus condiciones físicas dentro de ciertos límites. Por ejemplo, la cantidad de agua en el suelo es regulada por procesos físicos y biológicos. Las plantas funcionan mejor cuando no hay demasiada agua, o de-masiado poca. Un exceso de agua puede despla-zar el aire que requieren los microorganismos y las raíces de las plantas; y su escasez restringe el crecimiento de las plantas. Si hay demasiada agua en el suelo después de una lluvia intensa, las plantas la consumen en grandes cantidades, y el exceso de agua se filtra hacia abajo a través del suelo. Si escasea demasiado el agua durante los períodos de menor precipitación, las plantas reducen su consumo, y la arcilla y la materia or-gánica del suelo almacenan agua que podrán utilizar las plantas y los microorganismos.

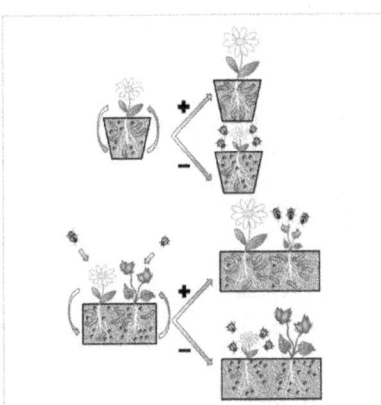

Esquema de funcionamiento de retroalimenta-ción planta-suelo positivo y negativo.
a) Planteamiento clásico de retroalimentación en que la selección de determinados organis-mos repercute positiva o negativamente en el crecimiento de la planta y en la selección por parte de los herbívoros foliares.
b) Integración de los *feed-backs* en la comuni-dad vegetal: la comunidad subterránea formada en la rizosfera afecta el crecimiento y las rela-ciones interespecíficas de las plantas y repercu-te además en la comunidad de herbívoros de la parte aérea.

La homeostasis del ecosistema no es tan exi-gente como la de los organismos individuales, pero es igual de real (particularmente en los ecosistemas naturales y en las partes natura-les de los ecosistemas agrícolas y urbanos). Los factores aleatorios, como las fluctuaciones en el estado del tiempo, pueden ocasionar pequeños cambios en la comunidad biológica y el am-biente físico de un ecosistema de un año a otro. Pero mientras el ecosistema no sea alterado de una manera importante por una perturbación externa severa, la homeostasis del ecosistema mantiene a la comunidad biológica y el medio ambiente físico dentro de ciertos límites funcio-nales. Si algo negativo le sucede a una especie particular en un ecosistema, la abundancia de otra especie que tenga la misma función aumen-ta y la función continúa. El estado del ecosistema puede fluctuar en el tiempo, pero generalmente se mantiene dentro de un dominio de estabili-dad apropiado. Los ecosistemas se organizan a través de la coadaptación y el ensamble comuni-tario de tal forma que el ecosistema en conjunto continúa funcionando de manera sustentable.

Ciclos de la materia

Al elaborar la red alimentaria se puede observar cómo se transfiere la materia y la energía de un ser vivo a otro. Las distintas sustancias presentes en la naturaleza, por sucesivas transformaciones, circulan de manera cíclica y continua entre el ambiente físico y los seres vivos, y quedan retenidas en el ecosistema. El ingreso de la materia ocurre a partir de los productores primarios que toman del ambiente sustancias simples y esta se transforma a medida que circula por los distintos organismos, hasta degradarse y formar sustancias inorgánicas que retornan al ambiente.

La figura anterior es una representación esquemática general del ciclo de la materia. En ella se incluyen los tres niveles tróficos: productores, consumidores y descomponedores, y con flechas se indica el sentido de la circulación de la materia. Los productores obtienen las sustancias sencillas (sales minerales y agua) del reservorio constituido por el suelo. La materia orgánica producida por estos pasa de un organismo a otro mediante el consumo, es decir, cuando se alimentan. Por último, todos los organismos mueren y sirven de alimento a los descomponedores, que devuelven al suelo, al agua o al aire, los nutrientes inorgánicos para que sean utilizados nuevamente.

La mayor parte de las sustancias químicas necesarias no están disponibles en formas útiles parar los organismos. Sin embargo, todos terminan por disponer de las sustancias que necesitan. Este ocurre gracias a la circulación permanente de materia. Esta circulación se denomina ciclo biogeoquímico, este término deriva del intercambio cíclico de elementos a través de los organismos biológicos ("bio") y el ambiente geológico ("geo") en el que intervienen cambios químicos. Los principales ciclos biogeoquímicos son el del agua, el carbono, el nitrógeno, el fósforo y el azufre.

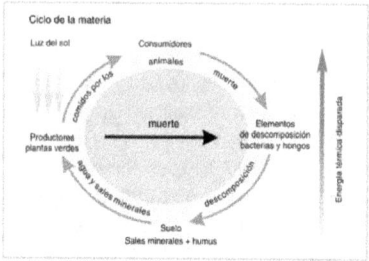

El concepto de recursos renovables se basa en la idea del ciclo de la materia, donde los componentes de la biosfera son transformados generando otras entidades. Los átomos pasan continuamente de una forma a la otra en procesos llamados organización y mineralización.

Actividades

- Analicen el siguiente esquema de circulación de la materia y escriban epígrafes explicativos para cada una de las flechas que vinculan a los seres vivos entre sí y con el ambiente físico. Mencionen en cada caso qué sucede con la materia y con la energía.
- ¿Qué ocurriría con estos ciclos si alguna de las imágenes desapareciera?

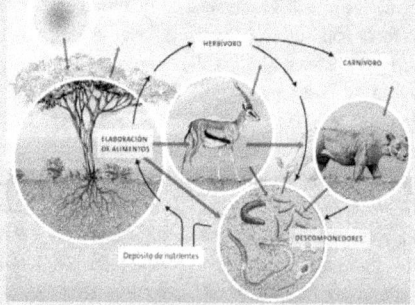

Ciclo del agua

La cantidad de agua que hay en la Tierra es siempre la misma. El total de agua está distribuida entre los océanos, los ríos, los lagos y los glaciares, el suelo, la atmósfera y el cuerpo de los organismos vivos. El agua circula por estos lugares en forma cíclica a través de transformaciones iniciadas, en su gran mayoría, por la acción de la energía del Sol.

El agua en estado líquido absorbe la energía del Sol y comienza a evaporarse. No solo se evapora el agua más superficial presente en los mares, ríos y lagos, sino también la que se elimina de los seres vivos por el fenómeno de la transpiración. Cuando la atmósfera se satura de vapor de agua y se alcanza una determinada proporción, se produce la precipitación. En las precipitaciones, el agua cae sobre la superficie de la tierra en forma de lluvia o nieve.

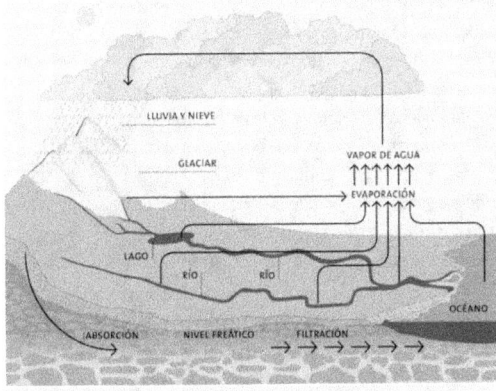

Los organismos vivos intervienen en este ciclo del agua ya que incorporan el agua directamente o a través de los alimentos. Asimismo, eliminan agua a través de sus desechos, heces y orina, y por los procesos de transpiración y respiración. En este último, el vapor de agua es uno de los productos que se elimina al exterior.

Aguas contaminadas

Contaminación natural: es la que existe siempre, originada por restos animales y vegetales, y por minerales y sustancias que se disuelven cuando los cuerpos de agua atraviesan diferentes terrenos.

Contaminación artificial: se genera a medida que el hombre comienza a interactuar con el medio ambiente y surge con la inadecuada aglomeración de las poblaciones, y como consecuencia del aumento desmesurado y sin control, de industrias, desarrollo y progreso. Es provocada por la acción irresponsable en el uso del agua para fines tales como: lavado de automóviles, higiene, limpieza, refrigeración, y procesos industriales en general, ya que, al no ser debidamente tratadas luego de estos usos, las aguas retornan al ciclo con distintos niveles de contaminación.

El ciclo natural del agua tiene una gran capacidad de purificación, pero esta misma facilidad de regeneración del agua, y su aparente abundancia, hace que sea el vertedero habitual en el que arrojamos los residuos producidos por nuestras actividades: pesticidas, desechos químicos, metales pesados, residuos radiactivos. Muchas aguas están en la actualidad contaminadas hasta el punto de hacerlas peligrosas para la salud humana, y para el desarrollo de la vida en general.

Ciclo del carbono

El carbono es un componente esencial para los seres vivos. Forma parte de compuestos como la glucosa (carbohidrato importante para la realización de procesos como la respiración); también interviene en la fotosíntesis bajo la forma de CO_2 (dióxido de carbono) tal como se encuentra en la atmósfera. Sus principales reservorios son la atmósfera y la hidrosfera.

Dado que el carbono realiza un ciclo en la naturaleza, se inicia el estudio a partir del dióxido de carbono (CO_2) presente en el ambiente. Esta sustancia ingresa en un organismo fotosintético y participa (como vimos en el bloque anterior) del proceso de fotosíntesis, como resultado del cual se transforma en glucosa. La formación de las nuevas uniones, que mantienen al átomo de carbono unido a los otros átomos que constituyen la glucosa, requiere una gran cantidad de energía que es aportada por el sol. A partir de este momento, la glucosa que contiene el átomo de carbono puede seguir distintos caminos: pasa a formar parte de las sustancias de reserva, o es utilizada en el proceso de respiración del vegetal en el que se elimina dióxido de carbono.

Como dijimos anteriormente, la molécula de glucosa formada se une a muchas otras y constituye así las sustancias de reserva del vegetal. Cuando el vegetal es consumido por un animal, el carbono que forma parte del alimento circula por todo su organismo, hasta llegar a las células. A partir de aquí, también puede realizar dos recorridos posibles: pasar a formar parte estructural del animal (como por ejemplo en lípidos de membrana) o ser utilizado para la obtención de energía (mediante la glucólisis) en el proceso de respiración. De esta manera, se origina dióxido de carbono, que se libera a la atmósfera como una de las sustancias de desecho de la respiración. Cuando los organismos mueren (animales, vegetales y descomponedores), sus restos son aprovechados por los detritívoros. Así, el carbono pasa a formar parte del cuerpo de estos individuos. Ellos utilizan este alimento, transformándolo para obtener energía, de modo que el carbono se vuelve a separar y se elimina como producto de la respiración en forma de dióxido de carbono.

Este ciclo es relativamente rápido, se estima que en veinte años se renueva todo el dióxido de carbono atmosférico.

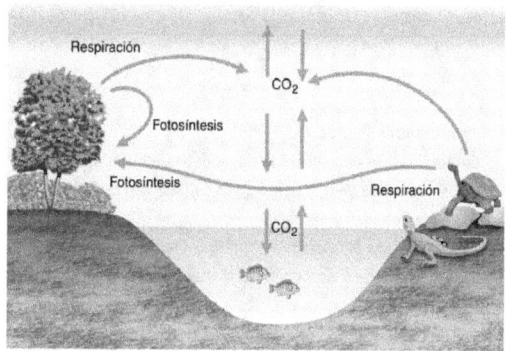

En los ecosistemas marinos algunos organismos convierten parte del CO_2 que toman en $CaCO_3$ que necesitan para formar sus conchas, caparazones o masas rocosas en el caso de los arrecifes. Cuando estos organismos mueren sus caparazones se depositan en el fondo formando rocas sedimentarias calizas en el que el C queda retirado del ciclo durante miles y millones de años. Este C volverá lentamente al ciclo cuando se van disolviendo las rocas.

Ciclo del nitrógeno

El ciclo del nitrógeno, al igual que los demás ciclos biogeoquímicos, tiene una trayectoria definida, pero quizá aún más complicada que los demás, dado que tiene que seguir una serie de procesos físicos, químicos y biológicos. Así, el nitrógeno está considerado como el elemento más abundante en la atmósfera. Sin embargo, dada su estabilidad, es muy difícil que reaccione con otros elementos y, por tanto, se tiene un bajo aprovechamiento, razón por la cual su abundancia pasa a ser un factor relativo.

A pesar de esto, gracias al proceso biológico de algunas bacterias y cianobacterias, el nitrógeno que se encuentra en la atmósfera puede ser asimilable, al "romper" la unión de sus enlaces por medios enzimáticos y, así, poder producir compuestos nitrogenados que pueden ser aprovechados por la mayoría de los seres vivos, en especial las plantas, que forman relaciones simbióticas con este tipo de bacterias. Ese nitrógeno fijado se transforma en aminoácidos y proteínas vegetales, que son aprovechados a su vez por los herbívoros, quienes los van almacenando, para finalmente pasarlos al último eslabón de la cadena alimenticia, es decir, a los carnívoros. Cabe mencionar, que el nitrógeno regresa de nuevo al ciclo por medio de los desechos (tanto restos orgánicos, como productos finales del metabolismo), ya que gracias a que las bacterias fijadoras los "retoman", es que pueden finalmente ser asimilados por las plantas, cosa que de otra manera sería imposible. Sin embargo, hay pérdidas de nitrógeno por medio de otras bacterias que lo liberan a la atmósfera. De esta forma se logra un equilibrio en el ciclo del nitrógeno.

Ciencia al día

Bacterias fijadoras de nitrógeno
El caso de simbiosis *Rhizobium*-leguminosas

Aunque hay diversas asociaciones que contribuyen a la fijación biológica del N_2, en la mayoría de los agroecosistemas el 80% del nitrógeno fijado biológicamente ocurre a través de la simbiosis *Rhizobium*-leguminosas. Esta asociación se produce a través de un proceso de reconocimiento específico entre la bacteria y la raíz de la planta. Esto determina el éxito de la asociación simbiótica. El análisis genético de la bacteria *Rhizobium* ha permitido identificar más de 30 genes cuya función es necesaria para el desarrollo de un nódulo fijador de N_2, y que no se necesitan para el desarrollo propio de la bacteria.

La relación entre *Rhizobium* y sus plantas huéspedes es mutualista: las bacterias reciben carbohidratos elaborados por la planta, y la planta recibe nitrógeno en una forma asimilable.

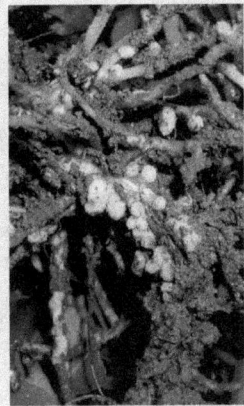

Nódulos simbióticos de *Rhizobium* en habas.

Fases del ciclo de nitrógeno

1. **Fijación:** la fijación biológica del nitrógeno consiste en la incorporación del nitrógeno atmosférico a las plantas, gracias a algunos microorganismos, principalmente bacterias y cianobacterias que se encuentran presentes en el suelo y en ambientes acuáticos. Esta fijación se da por medio de la conversión de nitrógeno gaseoso (N_2) en amoníaco (NH_3) o nitratos (NO_3^-). Estos organismos usan la enzima nitrogenasa para su descomposición. Sin embargo, como la nitrogenasa solo funciona en ausencia de oxígeno, las bacterias deben, de alguna forma, aislar la enzima de su contacto. Algunas estrategias utilizadas por las bacterias para aislarse del oxígeno son: vivir debajo de las capas de moco que cubren a las raíces de ciertas plantas, o bien, vivir dentro de engrosamientos especiales de las raíces, llamados nódulos, en las leguminosas.

2. **Nitrificación o mineralización:** solamente existen dos formas de nitrógeno que son asimilables por las plantas, el nitrato (NO_3^-) y el amonio (NH_4^+). El amonio es convertido a nitrato gracias a los microorganismos por medio de la nitrificación.

3. **Asimilación:** la asimilación ocurre cuando las plantas absorben a través de sus raíces, nitrato (NO_3^-) o amoníaco (NH_3). Luego, estas moléculas son incorporadas tanto a las proteínas, como a los ácidos nucleicos de las plantas. Cuando los animales consumen los tejidos de las plantas, también asimilan nitrógeno y lo convierten en compuestos animales.

4. **Amonificación:** los compuestos proteicos y otros similares, que son los constitutivos en mayor medida de la materia nitrogenada aportada al suelo, son de poco valor para las plantas cuando se añaden de manera directa. Cuando los organismos producen desechos que contienen nitrógeno como la orina (urea), los desechos de las aves (ácido úrico), así como de los organismos muertos, éstos son descompuestos por bacterias presentes en el suelo y en el agua, liberando el nitrógeno al medio, bajo la forma de amonio (NH_3).

5. **Desnitrificación:** la reducción de los nitratos (NO_3^-) a nitrógeno gaseoso (N_2), y amonio (NH_4^+) a amoníaco (NH_3), se llama desnitrificación, y es llevado a cabo por las bacterias desnitrificadoras que revierten la acción de las fijadoras de nitrógeno, regresando el nitrógeno a la atmósfera en forma gaseosa. Este proceso ocasiona una pérdida de nitrógeno para el ecosistema; ocurre donde existe un exceso de materia orgánica y las condiciones son anaerobias. El fenómeno de la desnitrificación se debe a que en condiciones de mucha humedad en el suelo, la falta de oxígeno obliga a ciertos microorganismos a emplear nitrato en vez de oxígeno en su respiración.

Actividades

- Marquen en el esquema del ciclo las distintas fases del ciclo biológico del nitrógeno.
- Averigüen qué otras maneras de fijación de nitrógeno existen.

Ciclo del fósforo

El fósforo es un componente esencial de los organismos. Forma parte de los ácidos nucleicos (ADN y ARN); del ATP y de otras moléculas que tienen PO_4^3 y que almacenan la energía química; de los fosfolípidos que forman las membranas celulares; y de los huesos y dientes de los animales. Está en pequeñas cantidades en las plantas, en proporciones de un 0,2%, aproximadamente. En los animales hasta el 1% de su masa puede ser fósforo.

La corteza terrestre es su reserva fundamental en la naturaleza. Por meteorización de las rocas o sacado por las cenizas volcánicas, queda disponible para que lo puedan tomar las plantas. Con facilidad es arrastrado por las aguas y llega al mar. Parte del fósforo que es arrastrado sedimenta al fondo del mar y forma rocas que tardarán millones de años en volver a emerger y liberar de nuevo las sales de fósforo.

Otra parte es absorbida por el plancton que, a su vez, es comido por organismos filtradores de plancton, como algunas especies de peces. Cuando estos peces son comidos por aves que tienen sus nidos en tierra, devuelven parte del fósforo en las heces (guano) a tierra.

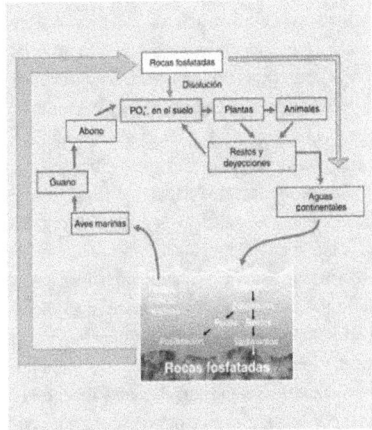

Ciclo del azufre

El azufre forma parte de casi todas las proteínas, y por eso es un elemento fundamental para los seres vivos. Este bioelemento se encuentra en la hidrosfera en forma de sulfato SO_4^2 (sulfato) y en la litosfera en los minerales de sulfato y en los de sulfuro.

Muchos procariotas, algas, hongos y plantas son capaces de transformar el sulfato mediante un proceso de reducción. Así el azufre se incorpora a moléculas orgánicas como los aminoácidos.

Algunos grupos de bacterias (*Desulfovibrio*) devuelven el sulfuro al ambiente ya que lo utilizan como aceptor de electrones obteniendo energía para sus procesos metabólicos y producen H_2S, que se libera a la atmósfera. Esto se realiza en condiciones anaerobias como las que aparecen en las aguas pantanosas que son ricas en materia orgánica en descomposición y sulfatos.

Otras bacterias, como *Thiobacillus*, recuperan el H_2S gracias a que son capaces de transformar el ácido sulfhídrico en azufre elemental y después en sulfatos.

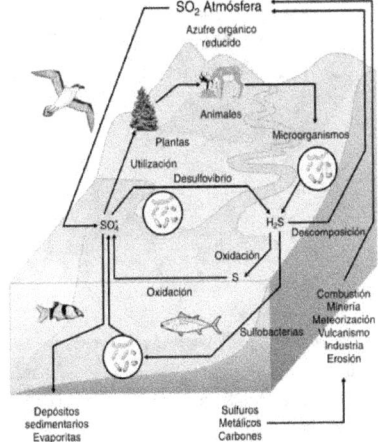

Flujos de energía en los ecosistemas

El flujo de energía es uno de los modelos conceptuales que mejor organizan el conocimiento disponible acerca del funcionamiento de los ecosistemas. El diagrama de flujo de energía establece un puente entre disciplinas al relacionar conceptos físicos tales como las leyes de la termodinámica, con procesos bioquímicos, como la fotosíntesis y la respiración, o biológicos, como las interacciones entre especies.

Uno de los aspectos clave en la discusión del flujo de energía es identificar el nivel de organización a la cual tienen lugar: el ecosistema. El ecosistema abarca a la comunidad biótica y a su ambiente físico. Este cambio en el nivel de organización tiene consecuencias muy importantes en nuestra percepción del objeto de estudio. Para el análisis de la transferencia de energía en el ecosistema dejamos de considerar a las poblaciones individuales y, en cambio, agrupamos los organismos de acuerdo a sus similitudes en cuanto a la fuente de energía que utilizan: productores, consumidores primarios o secundarios, descomponedores. Muchos procesos clave a nivel de individuo (acumulación de biomasa) o de población (tasas de crecimiento) se integran en nuevos procesos (la productividad o el consumo) a este nivel de organización.

Podemos definir energía como la capacidad de realizar trabajo. El trabajo se realiza cuando una fuerza mueve un cuerpo una distancia dada. La energía puede tomar diversas formas: mecánica (potencial o cinética), eléctrica, gravitacional, electromagnética, química. El calor es la energía cinética asociada al movimiento aleatorio de moléculas y átomos.

El flujo de energía está íntimamente relacionado con la circulación de materiales en el ecosistema. Ambos aspectos del funcionamiento son interdependientes. En particular las ganancias de carbono y el flujo de energía pueden, en buena medida, considerarse como aspectos de un mismo proceso. La energía que se almacena en los organismos vivos permite hacer frente a los costos energéticos de absorber y reciclar nutrientes en el ecosistema. Sin estas transformaciones que ocurren a lo largo del flujo de energía no serían posibles los sistemas ecológicos ni la vida.

Una de las formas utilizadas para representar la información vinculada a las relaciones energéticas es a través de la elaboración de gráficos denominados pirámides. Así, es posible considerar las pirámides del flujo de la energía, como la que se observa a continuación:

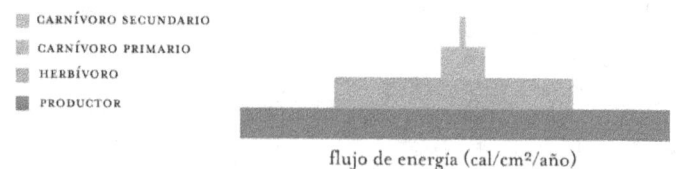

CARNÍVORO SECUNDARIO
CARNÍVORO PRIMARIO
HERBÍVORO
PRODUCTOR

flujo de energía (cal/cm²/año)

El ancho de cada barra representa la cantidad de energía que se transfiere a lo largo de la cadena alimentaria, calculada en una superficie dada y a lo largo de un año, es decir la productividad neta de cada nivel trófico. Representa, además, la energía que se pierde en cada nivel.

Eficiencia energética de los ecosistemas

Los ecosistemas se mantiene en funcionamiento gracias al flujo de energía que va pasando de un nivel al siguiente de la cadena alimentaria, solo en una dirección, de forma que entra en el ecosistema como energía luminosa y sale como energía calorífica que ya no puede reutilizarse para mantener otro ecosistema en funcionamiento. La fuente primaria de energía de los ecosistemas es la radiación solar. A la parte superior de la atmósfera terrestre llega, durante todo el año, una cantidad constante de energía radiante proveniente del Sol cuya magnitud es de 2 cal/cm^2.min (constante solar). Gran parte de esta energía es reflejada por la atmósfera, las nubes y la superficie terrestre. La Tierra y su atmósfera absorben una cantidad aún mayor y solo queda alrededor del 1% de energía para ser aprovechada por los seres vivos. A su vez, la cantidad total de radiación incidente durante un día variará en los distintos lugares de la superficie terrestre en función de la latitud y época del año.

Una muy pequeña parte de la luz solar es captada por los autótrofos mediante el proceso fotosintético, constituyendo la fuente de energía original de todos los organismos. La energía fluye a través de la comunidad una sola vez, no siendo reciclada, sino transformada en calor, forma en la que finalmente se pierde.

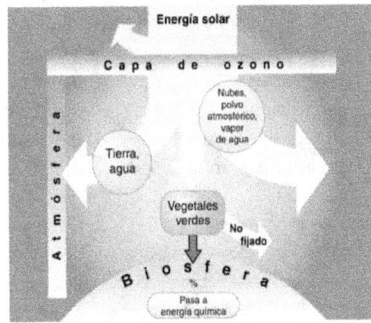

Esquema de la distribución de la radiación solar que llega a la superficie terrestre.

Ciencia al día

La capa de ozono

El ozono es un gas que forma parte de la atmósfera. Cerca del 10 % se halla en la tropósfera y el resto en la estratósfera, constituyendo lo que conocemos como capa de ozono. Esta capa actúa como filtro, pues absorbe la parte de la radiación ultravioleta del Sol que es dañina para los organismos y admite que pase la radiación que permite la vida en el planeta. Desde hace varios años los científicos han realizado el seguimiento de la capa de ozono, lo que los ha llevado a la conclusión de que dicha capa puede considerarse seriamente amenazada. Su adelgazamiento puede provocar casos de cáncer de piel, cataratas oculares y supresión del sistema inmunitario en humanos y en otras especies. También puede afectar a los cultivos. Para preservarla, hay que disminuir a cero el uso de compuestos químicos como los clorofluorocarbonos (refrigerantes industriales, propelentes) y algunos agroquímicos como el bromuro de metilo. A casi 25 años del acuerdo internacional para proteger la capa de ozono, los científicos determinaron que su deterioro se ha frenado. Sin embargo, su recuperación recién comenzaría la próxima década.

Actividades

• Investiguen: ¿A qué acuerdo internacional se refiere el texto?

Productividad de la comunidad

La velocidad con la que los organismos de una comunidad sintetizan materia orgánica y, por lo tanto, almacenan energía, se designa como productividad. Se puede expresar como materia o peso seco (PS) en g/m^2.año o como energía en $Kcal/m^2$.año.

Los productores primarios son los organismos que hacen entrar la energía en los ecosistemas y, por lo tanto, a la productividad de los organismos autótrofos, se la denomina productividad primaria (PP), mientras que la de los organismos heterótrofos es la productividad secundaria (PS), porque depende enteramente de la síntesis autotrófica. Aunque los herbívoros son los organismos que aprovechan directamente la productividad primaria, los diferentes niveles de carnívoros y detritívoros también reciben la energía indirectamente de las plantas, a través de la cadena trófica.

Los organismos, al respirar, degradan materia orgánica para obtener energía, utilizando una parte para realizar las actividades celulares y el resto se disipa como calor. La respiración de la comunidad (R) designa el ritmo con el que los organismos utilizan materia orgánica y disipan energía calórica al medio. Este término tiene un sentido antagónico al de productividad y comprende la energía gastada en los procesos de automantenimiento de los organismos. Según se incluya o no el consumo energético respiratorio, se pueden considerar los siguientes tipos de productividad:

Productividad primaria bruta (PPB): es el ritmo de producción de materia orgánica (y de almacenamiento de energía) por parte de los organismos productores de la comunidad.

Productividad primaria neta (PPN): es el ritmo de producción de materia orgánica en exceso con respecto a la utilización respiratoria (Ra), por parte de los organismos productores de la comunidad.

Productividad secundaria bruta (PSB) o Asimilación (A): es el ritmo de incorporación de materia orgánica (y de almacenamiento de energía) por parte de los organismos consumidores de la comunidad.

Productividad secundaria neta (PSN) o Crecimiento (C): es el ritmo de producción de materia orgánica en exceso con respecto a la utilización respiratoria (R_h) por parte de los organismos consumidores de la comunidad.

Productividad neta de la comunidad (PNC): es el ritmo de producción de materia orgánica en exceso con respecto al consumo respiratorio autotrófico y heterotrófico de todos los organismos de la comunidad.

La productividad primaria neta se puede medir a través de cosechas múltiples a lo largo del tiempo (métodos destructivos): se colecta lo que crece, se seca en estufa y se pesa. Este método es particularmente usado en ecosistemas terrestres con cobertura de herbáceas. Su aplicación en ecosistemas de bosque es posible pero sumamente trabajoso. Por ello, en estos ambientes, es común utilizar un método no destructivo en el cual, a través de una medida simple (generalmente el diámetro del tronco a la altura del pecho o DAP), se determina la biomasa del árbol mediante una fórmula matemática que relaciona el DAP con la biomasa.

Actividades

• ¿Qué puede significar que un mismo ecosistema vaya disminuyendo con el tiempo su PPN?

Biomasa de la comunidad

Ya hemos visto que la productividad en una velocidad, y como tal, expresa la cantidad de materia orgánica sintetizada durante un cierto intervalo de tiempo. Esta definición debe distinguirse de la cantidad de materia orgánica viviente (organismos) presentes en la comunidad en un momento determinado. Esta cantidad de materia se denomina biomasa (B) y se expresa en unidades de peso seco por unidad de superficie o volumen, según sean ambientes terrestres o acuáticos, o en los equivalentes calóricos de estas unidades.

Paisajes contrapuestos. El desierto de la Puna (Jujuy, Argentina) y Selva Misionera (Misiones, Argentina). La biomasa promedio de las selvas es 45 mil g/m², mientras que en los desiertos es de menos de mil.

Tasa y tiempo de renovación de la biomasa

No existe una manera sencilla de relacionar biomasa y productividad. Comunidades con pequeñas biomasas pueden tener productividades mayores que otras con biomasas comparativamente mayores. En general, se puede apreciar una relación inversa entre los ritmos metabólicos y el tamaño de los organismos. Así, se observa que los organismos pequeños tienen ritmos de producción y de respiración por unidad de biomasa, muy elevados, mientras que, sucede lo contrario con los organismos de gran tamaño. El hecho de que una comunidad tenga baja biomasa permanente, pese a poseer una productividad neta elevada, indica que la nueva materia orgánica sintetizada es consumida o exportada más o menos simultáneamente con su producción. Esto es lo que suele ocurrir con las comunidades de plancton, donde los individuos tienen lapsos de vida cortos y continuamente son reemplazados por otros nuevos, manteniéndose de esa manera el predominio de individuos jóvenes.

Dado que la PPN de un ecosistema depende de la proporción de biomasa fotosintética del mismo, una manera de evaluar cuán eficiente es el sistema desde el punto de vista productivo es relacionando su PPN con la biomasa total. Cuanto mayor es el valor más eficiente es el sistema. Los ecosistemas con una alta biomasa fotosintética en relación con la biomasa total son los más eficientes. La siguiente ecuación calcula la eficiencia productiva (EP):

$$EP (\%) = 100*(PPN/ B)$$

En una comunidad en la que la biomasa se mantiene constante, este cociente indica la fracción de esa biomasa que se renueva en la unidad de tiempo. Por tal motivo dicho cociente es designado como tasa de renovación. La inversa (B/PN) se conoce como tiempo de renovación, e indica el lapso de tiempo que tarda una comunidad en producir una cantidad de materia orgánica equivalente a su propia biomasa.

Estos parámetros nos pueden ayudar a entender la elevada productividad del fitoplancton. Estos organismos viven muy poco tiempo y se reproducen rápidamente, por lo que su tasa de renovación es cercana al 100 %, es decir que en corto tiempo, el aumento de su número permite que sean aprovechados por el nivel trófico siguiente.

Factores ambientales que limitan la productividad

Todos aquellos factores que limitan la capacidad fotosintética están condicionando la productividad primaria. Según su modo de acción, los factores condicionantes de la productividad pueden dividirse en directos e indirectos. Los factores directos son aquellos que constituyen las materias primas de la fotosíntesis (dióxido de carbono, nutrientes y energía radiante), siendo su disponibilidad para los autótrofos lo que determina la velocidad del proceso fotosintético. Los factores indirectos, en cambio, inciden regulando el suministro de los factores directos o actuando sobre la velocidad de las reacciones enzimáticas (agua, temperatura, oxígeno, pH). Si bien el agua es una de las materias primas de la fotosíntesis, se la debe considerar como un factor indirecto, ya que la deshidratación de las células, afecta la velocidad de las reacciones enzimáticas y el suministro de CO_2 por cierre estomático, mucho antes que se manifiesten efectos por el déficit de agua como materia prima.

Para estos factores se puede aplicar la "ley de los factores limitantes" de Blackman, la cual establece que la productividad de un sistema en el que las materias primas están uniformemente distribuidas dependerá del material que se encuentre presente en menor cantidad.

Este enunciado fue posteriormente modificado por Mischerlich para incluir las situaciones más frecuentes donde el ambiente es heterogéneo, y la productividad dependerá de todos los materiales que se encuentren disponibles en cantidades menores a las requeridas por los organismos.

En los ecosistemas terrestres, el agua, en forma de precipitaciones, es el principal factor limitante de la productividad primaria. En las mismas latitudes se pueden encontrar selvas y desiertos debido a la cantidad y distribución de las lluvias en el transcurso del año, lo que se puede observar en las fotografías de la Puna y la Selva Misionera.

En comparación con los ecosistemas terrestres, los ecosistemas acuáticos son altamente improductivos. En el mar, la luz se convierte en un importante factor limitante, ya que la luz absorbe gran parte de la energía radiante, limitando así la fotosíntesis. Sin embargo, el principal factor que limita la productividad de los océanos es la disponibilidad de nutrientes, en particular nitrógeno y fósforo. Esto hace que los mares tropicales, aún recibiendo la mayor intensidad lumínica, sean verdaderos desiertos. Algo similar sucede con los ecosistemas de agua dulce.

Actividades

• Completen el siguiente cuadro calculando la tasa y el tiempo de renovación de los ecosistemas.

Tipo de ecosistema	PPN (g/m2.año)	B (g/m2)	PPN/B (años-1)	B/PPN (años)
Selva tropical	2200	45000		
Pradera	600	1600		
Desierto	90	700		
Arrecife de coral	2500	2000		

• ¿Qué importancia puede tener esto en relación con la conservación de estos ecosistemas?

Eficiencia ecológica

En las redes alimentarias, los consumidores primarios comienzan incorporando algo de la biomasa creada por los productores. Sin embargo, solo una parte de la energía que es absorbida por las plantas será utilizada para las biosíntesis y el mantenimiento de sus propios tejidos; por ello, no toda la energía absorbida se encontrará disponible para el siguiente nivel trófico. Antes de ser transferida de nuevo al siguiente nivel trófico, parte es utilizada para llevar a cabo procesos vitales, liberándose en forma de calor al ambiente. Esto significa que la cantidad de energía de alta calidad disponible para los consumidores primarios es menor que la disponible para los productores secundarios. De igual forma sucederá en los niveles tróficos sucesivos. El porcentaje de energía transferido de un nivel al siguiente de la cadena trófica se denomina eficiencia ecológica.

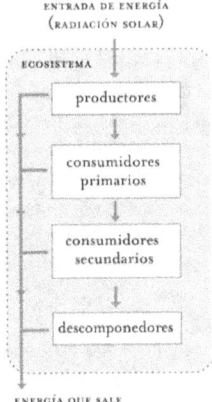

ENTRADA DE ENERGÍA
(RADIACIÓN SOLAR)

ECOSISTEMA

productores

consumidores primarios

consumidores secundarios

descomponedores

ENERGÍA QUE SALE
DEL ECOSISTEMA
EN FORMA DE CALOR

En cada paso de una cadena alimentaria simple hay una pérdida de energía utilizable, por lo que, cuanto más grande es el número de niveles tróficos, tanto mayor es la pérdida acumulativa de energía de alta calidad utilizable. La eficiencia ecológica de los distintos niveles tróficos (estimada en alrededor del 10%) y la producción primaria neta imponen un límite al número de niveles tróficos que puede haber en un ecosistema, ya que la energía que llega a un nivel depende del producto de la producción primaria neta por las eficiencias ecológicas de los niveles anteriores.

Tres tipos de eficiencias definen la mayor parte del esquema de flujo energético:

Eficiencia de consumo: es el porcentaje de la energía disponible para un nivel trófico que es consumido realmente por dicho nivel. Para los productores, es el porcentaje de la radiación solar incidente que es absorbida por la clorofila y constituye la radiación fotosintéticamente activa. Para los consumidores primarios es la proporción de la PPN que pasa a su sistema digestivo y en el caso de los secundarios, se trata de la productividad de los herbívoros que es consumido por los carnívoros. El resto de la materia viva muere sin ser consumida y pasa a la cadena del detritus.

Eficiencia de asimilación: es el porcentaje de la energía ingerida que es asimilada y queda incorporada a la materia viva. El resto no asimilado se pierde en las heces y pasa a la cadena del detritus.

Eficiencia de crecimiento: es el porcentaje de la energía asimilada que es incorporada a los organismos como nueva biomasa, esto es, crecimiento. El resto de lo asimilado se pierde como calor respiratorio.

Actividades

- ¿Qué factores pueden hacer variar la eficiencia de asimilación en los consumidores primarios y secundarios?
- La eficiencia de crecimiento varía principalmente entre organismos ecto y endotermos, es decir entre aquellos que pueden y los que no pueden regular su temperatura corporal, ¿por qué creen que sucede esto?

Dinámica de los ecosistemas

Una de las características más importantes de cualquier comunidad ecológica es el cambio. Este cambio se manifiesta en continuas variaciones de la distribución espacial de biomasa y en la abundancia de especies. El cambio es inseparable del tiempo, por lo que los cambios de una comunidad pueden clasificarse y estudiarse en relación con las diferentes escalas temporales en las que ocurren. Si se considera un período de tiempo que abarque el lapso de vida de un organismo, los cambios observados corresponderán a las distintas etapas de crecimiento y desarrollo. La dinámica en este caso es cíclica, es decir que, dado un tiempo lo suficientemente extenso, la secuencia de cambios vuelve a repetirse una y otra vez.

Por otra parte, puede considerarse una escala de tiempo que permita que todas las especies de la comunidad completen su ciclo vital. Midiendo el tiempo en tal escala ecológica, a los cambios cíclicos y por ende transitorios, se les superponen cambios permanentes en la abundancia relativa de las especies. Los cambios permanentes, a diferencia de los cíclicos, le confieren una naturaleza direccional a la dinámica del ecosistema.

Cambios direccionales: sucesiones ecológicas

Cuando una perturbación ambiental tal como una inundación, un incendio o una labranza, genera un espacio de suelo desnudo que no permanece indefinidamente desprovisto de plantas y animales, sino que el área perturbada es más o menos rápidamente colonizada por una variedad de especies, con el tiempo estas especies pueden ser parcial o totalmente reemplazadas por otras y así sucesivamente, dando como resultado un progresivo recambio de comunidades en el área en cuestión. A este proceso se lo denomina sucesión ecológica. Entonces, la sucesión ecológica se refiere al cambio secuencial de especies que se produce después de que un factor ambiental altera la composición o estructura de la comunidad y que transcurre durante un lapso de tiempo ecológico. La secuencia de comunidades que se sustituyen una a otra constituye una serie, mientras que las comunidades transitorias se designan como etapas serales, y a la comunidad final se la denomina comunidad clímax.

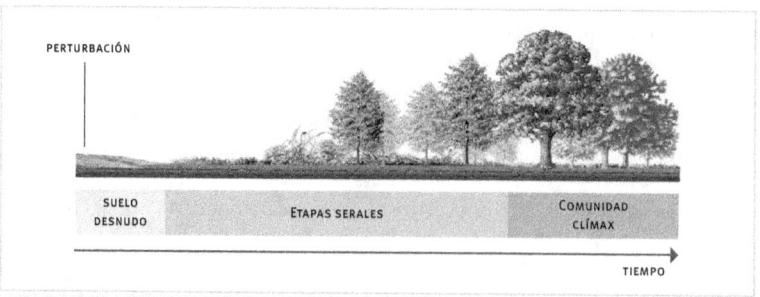

Esquema de una sucesión ecológica. Luego de una perturbación, el suelo desnudo es invadido por especies pioneras o tempranas, las que sucesivamente van cambiando hasta llegar a la comunidad final denominada clímax.

Clasificación de las sucesiones

Si la sucesión empieza en un área que no ha sido previamente ocupada por organismos (por ejemplo lava o arena recientemente formadas), el proceso se define como sucesión primaria. Si la serie, en cambio, tiene lugar en un área de la que se eliminó otra comunidad, el proceso se designa como sucesión secundaria.

La sucesión se llama autotrófica si la provisión energética proviene de los organismos productores de la comunidad, mientras que es heterotrófica si se produce a partir de materia orgánica muerta.

En una sucesión heterotrófica, cualquier trozo de materia orgánica muerta, ya sea el cuerpo de un organismo, o una deposición de heces, es explotado por los microorganismos y por los animales detritívoros. Habitualmente, diferentes especies aparecen y desaparecen a medida que el proceso de descomposición avanza agotando ciertos recursos y convierte a otros en disponibles. Puesto que en estas secuencias intervienen organismos heterótrofos, la sucesión resultante es una sucesión heterotrófica. Las sucesiones heterotróficas llegan a su fin cuando la materia orgánica ha quedado completamente mineralizada.

Para el ecólogo, tienen en general más interés aquellos casos en los que el nuevo biotopo es un área de sustrato que queda abierta para la invasión por parte de las plantas verdes (sucesión autotrófica). En estos casos el nuevo hábitat no es degradado ni desaparece, sino que es meramente ocupado. Una perturbación ulterior puede conducir a otra sucesión en el mismo lugar.

Ciencia al día

Cuando las perturbaciones no son naturales

El fuego es un regulador natural de los ecosistemas, por lo cual, la ocurrencia de incendios forestales en muchas partes del mundo responde a fenómenos ambientales (tormentas eléctricas, erupciones volcánicas) y a la susceptibilidad natural de la vegetación en especial en períodos de sequía. En ecosistemas boscosos, los incendios forestales conforman un proceso vital para el desarrollo de la sucesión ecológica y el mantenimiento de la estabilidad. Sin embargo, esta estabilidad ha sido crecientemente modificada por la acción humana. En particular, las quemas intencionales han causado incendios forestales de gran magnitud, los que junto a la tala indiscriminada y a la deforestación han favorecido a la pérdida de extensas superficies boscosas y a la modificación de innumerables procesos naturales. Se estima que anualmente se pierden entre 10 y 15 millones de hectáreas de bosques en regiones boreales y templadas, y entre 20 y 40 millones de hectáreas de bosque tropicales.

Mecanismos de sucesión

Los mecanismos que producen el reemplazo de especies en comunidades terrestres todavía no han sido totalmente dilucidados ya que solo se cuenta con evidencia de las primeras etapas del proceso. La secuencia en las últimas etapas nunca ha sido observada directamente, ya que las especies que aparecen tardíamente son en general más longevas que cualquier estudio ecológico clásico.

Se han propuesto tres hipótesis de mecanismos mediante los cuales se podría producir el reemplazo sucesional de especies:

Facilitación: las especies se reemplazan porque cada una modifica el ambiente haciéndolo menos favorable para ella y más favorable para otra que finalmente la sustituirá. El resultado es una secuencia de especies ordenada y que avanza en una sola dirección.

Tolerancia: la secuencia de reemplazo de especies es el resultado de la capacidad competitiva creciente de cada una de ellas. Las especies de las últimas etapas serales toleran mejor la escasez de recursos y pueden, por ello, continuar creciendo hasta privar de dichos recursos a los ocupantes tempranos.

Inhibición: los colonizadores tempranos monopolizan los recursos, inhibiendo la invasión y el crecimiento de nuevos individuos. Estos últimos solo pueden entrar en la comunidad cuando los residentes dominantes son dañados o mueren, liberando así recursos.

Las estrategias *r* y *k*

Los tres modelos de sucesión coinciden en que ciertas especies pioneras usualmente aparecerán primero, debido a que en el transcurso de la evolución han desarrollado características colonizadoras tales como, ciclo de vida corto, elevada prolificidad y gran poder de dispersión. En cambio, no están adaptadas para crecer en sitios en los que la competencia es severa. Estas características están relacionadas con su estrategia de reproducción y, en función de esta, podemos clasificarlas.

Una *especie r* basa su estrategia reproductiva en la cantidad de descendientes que deja. Esos descendientes reciben poco cuidado de su progenitor. Además, una *especie r* se encarga de diseminar a sus descendientes para que se establezcan en la mayor diversidad de nichos distintos, con la "esperanza" de que alguno prospere, ya que son muy susceptibles a la competencia.

Por el contrario, una *especie k* genera pocos descendientes y centra sus cuidados y energías en ellos. Consecuentemente, en una sucesión ecológica siempre se ven *especies r* en la primera etapa y, una vez que el medio está colonizado, van apareciendo las *especies k*.

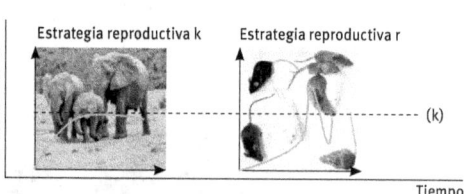

Nº de individuos — Estrategia reproductiva k — Estrategia reproductiva r — (k) — Tiempo

Actividades

- Las sucesiones heterotróficas que se desarrollan en la fauna cadavérica son útiles en la medicina forense. Investiguen qué información policial puede aportar para la resolución de crímenes conocer la secuencia de especies que van apareciendo sobre los cadáveres.
- Busque ejemplos reales de especies *r* y *k* estrategas explicando los mecanismos que tienen para asegurar su descendencia.

¿Qué factores determinan la velocidad de recuperación de la comunidad después de una perturbación intensa?

Los tres modelos de sucesión producen diferentes ritmos de recuperación. En el modelo de facilitación, las especies colonizadoras promueven el establecimiento de las tardías, por lo que aumentan la velocidad de recuperación. En el de jerarquía competitiva, las especies tempranas no afectan o solo lo hacen ligeramente, el ritmo de recuperación; mientras que en el modelo de inhibición, las especies colonizadoras impiden la recuperación hasta que son dañadas o mueren. Consecuentemente, el ritmo de recuperación y, por lo tanto, el grado de estabilidad, disminuyen desde el modelo 1 hasta el 3.

Sucesión y estabilidad de la comunidad

El mecanismo de sustitución en el que cada especie "prepara" el medio para otra que eventualmente la reemplace (facilitación) ha conducido a desarrollar la hipótesis clásica de la sucesión, de acuerdo con la cual, la comunidad final que resulta de la sucesión, denominada clímax, es un conjunto tan altamente integrado y mutuamente ajustado de especies, que llega a tener entidad propia. Una sucesión primaria no es otra cosa que un proceso de desarrollo de la comunidad, equivalente al desarrollo de un organismo. Consecuentemente, los ecosistemas pueden ser caracterizados como "maduros" o "inmaduros", según la etapa de desarrollo en la que se encuentren. Siguiendo con la analogía una sucesión secundaria, sería un proceso de "cicatrización", mediante el cual la comunidad clímax original se recupera de la lesión provocada por una perturbación.

Una segunda hipótesis explicativa de la sucesión es la hipótesis individualista que sostiene que la sucesión es el resultado de la dispersión y el establecimiento al azar de los organismos. La sucesión, en este caso, es el resultado de la interacción entre poblaciones que llegan aleatoriamente y se ven forzadas a convivir en el área perturbada. Por lo tanto, la sustitución de especies es probable que ocurra de acuerdo con los modelos de tolerancia o inhibición, ya que en estos, la especie reemplazante no está obliga a ser una que se adapte a las condiciones creadas por sus sucesoras.

Independientemente de la hipótesis de sucesión, la estabilidad de una comunidad es inversamente proporcional a la magnitud de los recambios y fluctuaciones poblacionales. Por lo tanto, la estabilidad aumenta a medida que transcurre la sucesión, porque la sucesión es definida como *sucediendo*, cuando la composición de la comunidad está cambiando, y es definida como *habiendo cesado*, cuando la composición de la comunidad ha dejado de cambiar. La comunidad clímax, entonces, está en equilibrio estable y dinámico con el medio abiótico. Sin embargo, dado que todas las comunidades están sujetas a perturbaciones que varían en intensidad, frecuencia y extensión, todo juicio acerca de la estabilidad de una comunidad es incompleto, a menos que se especifique por cuánto tiempo y en qué superficie persiste la composición específica.

¿Cómo varían los atributos de la comunidad a lo largo de la sucesión?

A medida que avanza el proceso de sucesión, los atributos de la comunidad van cambiando y esta variación en gran medida hace a la mayor estabilidad de las comunidades maduras.

En general, en las etapas jóvenes del ecosistema no hay limitación de los recursos disponibles y la intensidad de fotosíntesis excede a la intensidad respiratoria (PPB/R>1). A medida que el ecosistema madura, la necesidad de gastar más en respiración para mantener la gran masa vegetativa, así como el consumo y la respiración heterotrófica aumentadas, hacen que P/R tienda a 1 y la Productividad neta de la comunidad (PNC) tienda a 0. Cuando se dice que PNC = 0, no debe pensarse que la productividad primaria es 0. Por el contrario, la PPB va en aumento a medida que un ecosistema se desarrolla, pero cuanto más avanzado sea el estado sucesional, mayor será la cantidad invertida en el aumento y mantenimiento del propio sistema, y mayor también, el consumo heterotrófico. Esto ocurre debido a que el tamaño de los organismos y sus ciclos biológicos aumentan progresivamente a medida que el ecosistema evoluciona hacia estados más maduros. Del mismo modo, la intensidad de intercambio material entre organismos y ambiente se torna cada vez más lento a medida que el ecosistema evoluciona y es rápido en etapas tempranas (organismos de pequeño tamaño, ciclos biológicos cortos). El incremento de biomasa total y de las porciones menos activas es el criterio de sucesión más generalmente aceptado.

A medida que el ecosistema va madurando, habrá una mayor diversidad de especies (dada por el número de especies o riqueza y proporción de las mismas o equidad) lo que representará una mayor diversidad de la oferta de alimento y mayor cantidad de materia orgánica muerta que permite que cobre mayor importancia el circuito de detritos. A la vez, surgen gran número de adaptaciones que tienden a demorar el destino común de ser comido: es decir, se crean asociaciones y co-adaptaciones cada vez más complejas entre los organismos: mecanismos de defensa y autorregulación; desarrollo de tejidos digeribles por pocos organismos, mimetismo, etcétera. Desde el punto de vista energético, la energía describe una ruta desde los productores primarios hasta los consumidores que tiende a hacerse cada vez más larga y, principalmente, más constante o regular. Todo esto permite a la biocenosis conservar una estructura tal que le permite atenuar las perturbaciones del medio físico.

La diversidad específica aumenta debido a que, si bien en el curso de la sucesión desaparecen muchas especies, nuevas especies se añaden en mayor número. Para que un número creciente de especies encuentre su lugar en el ecosistema, deben surgir nichos cada vez más especializados. En conclusión, el proceso de sucesión está dirigido a lograr una estructura orgánica tan grande y diversa como sea posible, dentro de los límites impuestos por el suministro de materia y energía disponibles.

Un estudio de caso: Morrenas glaciares

Luego de la retirada de un glaciar, el sustrato que queda expuesto formado por trozos de rocas, pedregullo y arcillas se denomina morrena. En Alaska se ha estudiado la sucesión que ocurre sobre este tipo de sustrato. Las primeras plantas son musgos y unas pocas especies herbáceas de raíces superficiales. A continuación, aparecen varias especies de sauces y luego, entra el aliso, que al cabo de 50 años forma conjuntos densos de hasta 10m de altura. Los alisos son a su vez invadidos por pinos que después de otros 120 años forman un denso bosque. Finalmente el bosque es invadido por árboles de tsuga, formando un bosque mixto estable.

Una de las principales fuerzas que impulsan esta sucesión es el cambio en las condiciones del suelo ocasionado por los primeros colonizadores. El sustrato original tiene un Ph de 8, pero el aliso lo reduce a 5 entre 30 y 50 años, debido a que las hojas son ligeramente ácidas.

Cuando el pino sustituye al aliso, el pH se estabiliza y no cambia en los próximos 150 años. Por otro lado, el contenido de nitrógeno en el suelo rocoso es extremadamente bajo. Sin embargo, las especies herbáceas y el aliso poseen bacterias simbióticas en sus raíces que fijan nitrógeno atmosférico, de modo que el detritos y los exudados radicales de estas plantas enriquecen paulatinamente el suelo con nitrógeno. El pino y la tsuga carecen de esta capacidad, por lo que dependen enteramente del nitrógeno acumulado en el suelo por las especies precedentes.

Morrenas glaciares en Alaska.

Actividades

- Suponiendo que se quiera recuperar una comunidad luego de una perturbación y que se sabe que la sucesión en dicha comunidad se realiza por el método de facilitación, ¿sería correcto favorecer la implantación de especies colonizadoras? ¿Por qué?
- Relean el texto de la sucesión en las morrenas. ¿A qué tipo de sucesión se refiere? ¿A través de qué método se lleva a cabo?

Biomas de la Argentina

Bioma se define como un vasto espacio ecológico con características geográficas, vegetales y faunísticas distintivas, como lo son los desiertos, sabana, estepa, praderas, selvas, taiga, tundras, bosques, etcétera. La vegetación, acorde con la variedad de climas y de relieves, ofrece distintos aspectos. Para ampliar esta definición se utiliza el término ecorregión. Se entiende por ecorregión todo territorio geográficamente definido en el que dominan determinadas condiciones geomorfológicas y climáticas relativamente uniformes o recurrentes, caracterizado por una fisonomía vegetal de comunidades naturales y seminatural, que comparten un grupo considerable de especies dominantes, una dinámica y condiciones ecológicas generales, y cuyas interacciones son indispensables para su persistencia a largo plazo. La gran diversidad de ambientes de la República Argentina determina la existencia de 18 ecorregiones: quince continentales, dos marinas y una antártica.

Distintas ecorregiones

La **selva subtropical** (selva paranaense) aparece en Misiones y en el faldeo oriental del sistema de los sistemas montañosos de Salta, Jujuy y Tucumán. Presentan árboles como pinos, cedros, talas, lapachos, laureles que alternan con helechos, cañas tacuaras y plantas epífitas. Son muy comunes los monos, murciélagos, yaguaretés, pumas, garzas, chajás, cotorras y numerosos ofidios e insectos.

El **bosque** cubre la cordillera Patagónica con coihues, lengas, arrayanes, cipreces de la cordillera, etcétra. Hay bosques también en el Chaco con quebrachos blanco y colorado, urunday y algarrobo. La selva Misionera tiene especies como cedro misionero, pino, peteribí, lapacho, guayacán, viraró, kiri, ibirá-pitá, timbó, palo rosa, sauces, alisos, ceibos y palmeras. La fauna es muy rica en reptiles.

Una inmensa **estepa**, herbácea en el este y arbustiva en el oeste, ocupa gran parte del territorio. En la parte occidental se encuentran el algarrobo y el caldén, abundantes cactos y gramíneas duras. Son comunes el guanaco, la liebre, el cuis, la comadreja, y en elevadas partes el cóndor, el halcón, el chorlito, y el loro. La estepa herbácea constituye la llamada Pampa Húmeda, zona de pastos que abarca la provincia de Buenos Aires y regiones adyacentes. Mulitas, peludos, zorros, comadrejas, ñandúes, martinetas, perdices y patos habitan esta región. Hacia el norte, en la Puna, crecen cactos, yaretas, tolas, viven guanacos, vicuñas, alpacas y llamas. La Patagonia constituye una estepa arbustiva; en ella se encuentran liebres, zorros, pumas, guanacos.

La fauna de la costa del mar argentino no se encuentra adaptada a la variación climática (pingüinos, focas, cormoranes, ballena franca austral, elefantes y lobos marinos).

1. Respondan a las siguientes preguntas:

   a. ¿Cuáles son los intercambios que se realizan entre un organismo y su ambiente que permiten interpretar el concepto de sistema abierto?

   b. El ciervo colorado es una especie generalista que puede utilizar distintos tipos de alimento y de espacio, mientras que el huemul es especialista y sus límites de tolerancia frente a los cambios del medio ambiente son más estrechos.
      - Caractericen el nicho ecológico de cada uno de ellos y armen una red trófica.
      - Si ambos compartieran el mismo biotopo, ¿cuál de los dos tendría mayor número de interacciones y por qué?

   c. ¿Qué relaciones existen entre la productividad de un ecosistema y la alimentación de los organismos consumidores?

2. Completen el siguiente crucigrama con palabras clave de este capítulo, a partir de sus definiciones.

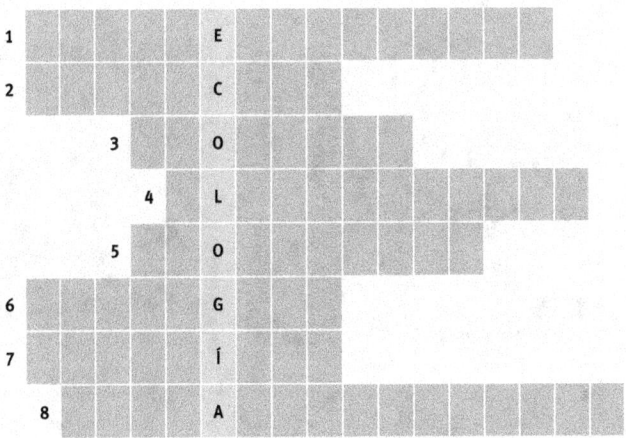

Referencias:
1. Relación entre individuos de la misma especie.
2. Conjunto de individuos de la misma especie que ocupan un área en un tiempo determinado.
3. Componentes de un ecosistema.
4. Redes que se establecen en la naturaleza a partir de los productores.
5. Unidad de organización biológica constituida por todos los organismos de un área dada y el ambiente en el que viven.
6. Todas las funciones y asociaciones de una especie con la comunidad de la cual forma parte.
7. Todas las poblaciones de organismos que habitan en un ambiente común y se encuentran en interacción unos con otros.
8. Relaciones que se establecen entre individuos de una misma especie.

3. Expliquen las diferentes etapas de una sucesión ecológica.
   a. ¿De qué manera puede ponerse en marcha una sucesión?
   b. ¿En qué momento se llega a la situación clímax? Expliquen en qué consiste.

4. Los seres vivos, y en especial las especies vegetales, siguen determinadas estrategias para su reproducción. La *estrategia rk* es una forma de clasificar dicho parámetro y relacionarlo directamente con las condiciones del medio que los rodea.
   La barra *rk* es una barra de medida con una *r* en un extremo y una *k* en el otro, como la que siguiente:

   r   *k*

   Cualquier especie se sitúa dentro de esta barra, más a la izquierda o más a la derecha, dependiendo de su estrategia de reproducción.
   De los dos ejemplos que se presentan a continuación, indiquen dónde ubicarían a cada uno:

   a. Una planta que desarrolla miles de semillas, y estas no tiene energía ni materia suficiente para dejar muchos nutrientes en cada semilla. Por lo tanto, estas semillas deberán germinar mucho antes.
   b. Un oso pardo: pare una o dos crías y estas lo acompañan durante gran parte de su infancia, alimentándose y aprendiendo, bien protegidas.

5. Redacten un texto que relaciones los siguientes términos: *pirámide, biomasa, flujo de energía, consumidores.*

6. a. Identifiquen en un mapa las ecorregiones de la Argentina.
   b. En pequeños grupos, elijan una de las ecorregiones, describan sus condiciones geomorfológicas y climáticas, y realicen un esquema que ejemplifique las interacciones entre las especies que allí se desarrollan.

7

Ecosistemas manejados por el hombre

El mundo es un lugar peligroso. No por causa de los que hacen el mal, sino por aquellos que no hacen nada por evitarlo.

Albert Einstein (1879-1955).

Científicos exponen efectos del glifosato

"El glifosato, herbicida ampliamente usado en cultivos de soja de la Argentina, causa malformaciones en el desarrollo de embriones anfibios", afirman científicos de este país que divulgaron algunos hallazgos de una investigación todavía inédita.

"Las deformaciones observadas son consistentes y sistemáticas", dijo el profesor Andrés Carrasco, director del Laboratorio de Embriología Molecular de la Facultad de Medicina de la Universidad de Buenos Aires (UBA) e investigador principal del Consejo Nacional de Investigaciones Científicas y Técnicas (Conicet).

"La disminución del tamaño de las cabezas de los embriones, alteraciones genéticas en el sistema nervioso central, incremento de muerte de células que intervienen en la formación del cráneo y cartílagos deformados fueron efectos repetidos en el experimento de laboratorio", resumió el biólogo.

El glifosato es el principio activo del herbicida Roundup, fabricado por la corporación estadounidense Monsanto, que desarrolló las semillas de soja genéticamente modificadas para resistir altas dosis de ese producto, que combate las malezas y toda otra especie verde que no sea esa variedad transgénica.

El biólogo Carrasco explicó que en una primera fase del experimento se sumergieron embriones anfibios en una solución del herbicida diluida en agua en una proporción hasta 1.500 veces menor a la utilizada hoy en las siembras argentinas. Los embriones desarrollaron deformaciones en la cabeza.

"En una segunda etapa, células embrionarias inyectadas con glifosato diluido en agua, pero sin los aditivos del producto comercial para facilitar su penetración, manifestaron un impacto más negativo aún, lo que revela que la toxicidad está en el principio activo, no en las demás sustancias", dijo.

"Se debería suponer, con certeza, que lo mismo que ocurre con anfibios puede ocurrir en humanos", dijo Carrasco, que trabaja con un equipo de especialistas en biología, bioquímica y genética desde hace 15 meses.

"Es evidente que el glifosato no es inocuo, no se degrada ni se descompone, sino que se acumula en las células", advirtió.

En la Argentina se utilizan cerca de 200 millones de litros de glifosato por año. La soja ocupa alrededor del 50% de la superficie agrícola y es el principal producto de exportación. El herbicida se aplica principalmente mediante fumigación aérea.

El ingeniero agrónomo Jorge Gilbert, del estatal Instituto Nacional de Tecnología Agropecuaria (INTA), dijo que el glifosato, como otros productos químicos utilizados para combatir malezas o plagas, "no es bueno o malo por sí mismo, sino que depende de las técnicas de aplicación que se utilizan".

PELIGRO AGRONEGOCIOS GLIFOSATO

Herbicida con el que se fumiga la soja, provoca contaminación del suelo y el agua ocasionando alergias, problemas respiratorios y cáncer.

1. Detallen cuáles consideran que son las ventajas de la utilización de herbicidas.
2. Según el estudio científico sobre el glifosato, ¿cuáles son algunas de las consecuencias sobre los organismos de la utilización de este herbicida en las plantaciones de soja?

Un poco de historia

El inicio de la agricultura se puede ubicar hace aproximadamente 10.000 años, en el período llamado Neolítico, en el cual las economías de las sociedades humanas evolucionaron desde la recolección, la caza y la pesca hacia la agricultura y la ganadería. Las primeras plantas cultivadas fueron el trigo y la cebada.

El paso desde una economía de caza y recolección hacia la agricultura y ganadería fue un proceso gradual. Las razones del desarrollo de la agricultura pudieron deberse a cambios climáticos hacia temperaturas más templadas; a la escasez de caza o alimentos de recolección, o a la desertización de amplias regiones.

En un principio, la forma de vida limitada a la caza y la recolección, hacía que las civilizaciones fueran nómades, y vivan con la incertidumbre de no poder predecir si dispondrían de alimentos.

El desarrollo de la agricultura y la ganadería permitieron un aumento en la densidad de población, por la disponibilidad de alimento para un mayor número de individuos, y a su vez admitieron un cambio en la calidad y cantidad del alimento. Con la agricultura las sociedades se hicieron sedentarias y comenzó a ser sumamente importante la propiedad sobre campos y viviendas. Se amplió la división del trabajo y surgió una sociedad más compleja, con actividades artesanales y comerciales especializadas. Los asentamientos agrícolas y los conflictos por la interpretación de linderos de propiedad dieron origen a los primeros sistemas jurídicos y gubernamentales. La nueva situación de la mujer, recluida ahora a un espacio doméstico, la excluyó de la economía y de la vida social dando origen al patriarcado.

A pesar de sus ventajas, como el aumento en la calidad y cantidad de los alimentos, según algunos antropólogos, la agricultura significó una reducción de la variedad en la dieta, creando un cambio en la evolución de la especie humana, haciéndolos individuos más vulnerables.

A lo largo de la historia, las diferentes culturas se desarrollaron y crecieron gracias a las mejoras en las prácticas de cultivo y la cría de animales. Desde sus inicios, el desarrollo de la agricultura estuvo relacionado con los adelantos tecnológicos en otras áreas. Las primeras herramientas agrícolas de madera dieron paso a las más duraderas de metal y luego, el reemplazo de los animales para las tareas de campo por los vehículos motorizados permitió trabajar superficies de tierra cada vez mayores. Posteriormente, otros desarrollos tecnológicos y conocimientos científicos permitieron la producción y el uso masivo de agroquímicos como pesticidas y fertilizantes; la utilización de nuevas técnicas de riego y la modificación genética de las principales especies cultivadas.

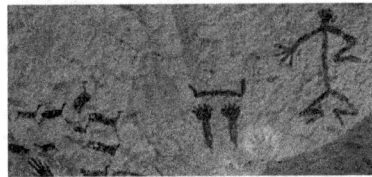

Pintura rupestre que da muestra del origen de la agricultura y ganadería.

Actividades

- Expliquen algunas ventajas y algunas desventajas de haber pasado de la caza y la recolección a la agricultura y la ganadería.

Sistemas ganaderos

La ganadería es una actividad económica de origen muy antiguo que consiste en la crianza de animales para su aprovechamiento. En lugar de cazar ciertos animales, el hombre comenzó a domesticarlos y manejar sus poblaciones, así pudo obtener de ellos sus productos cuando los necesitaba y en las cantidades necesarias.

Los ganados más importantes en número a nivel mundial son los relacionados con la ganadería bovina, la ovina y la porcina. Sin embargo, en algunas regiones del planeta otros tipos de ganado tienen mayor importancia, como el caprino y el equino, como así también la cunicultura (cría de conejo), la avicultura (cría de aves) y la apicultura (cría de abejas).

Las diferentes ganaderías se pueden clasificar en:

Ganadería extensiva: los sistemas extensivos, tradicionales o convencionales de producción animal se caracterizan esencialmente por formar parte de un ecosistema natural modificado por el hombre, es decir, un agroecosistema, y tienen como objetivo la utilización del territorio de una manera perdurable, o sea, están sometidos a los ciclos naturales, mantienen siempre una relación amplia con la producción vegetal del agroecosistema de que forman parte y tienen, como ley no escrita, la necesidad de legar a la generación siguiente los elementos del sistema tanto inanimados como animados e incluso los construidos por el hombre, en un estado igual o superior que los que se recibieron de la generación precedente.

Dentro de la ganadería extensiva podríamos incluir a la ganadería sostenible que es la ganadería perdurable en el tiempo y que mantiene un nivel de producción sin perjudicar al medio ambiente o al ecosistema. La ganadería sostenible se incluye dentro del concepto de desarrollo sostenible.

Ganadería intensiva: en este tipo de ganadería el ganado se encuentra generalmente bajo condiciones de temperatura, luz y humedad que han sido creadas en forma artificial, con el objetivo de incrementar la producción en el menor lapso de tiempo; los animales se alimentan, principalmente, de alimentos enriquecidos. Es por esto que requiere grandes inversiones en aspectos de instalaciones, tecnología, mano de obra y alimento, entre otros. Entre sus ventajas se destaca una elevada productividad, que tiene como contraparte la gran contaminación que genera.

Ganadería trashumante: la trashumancia se define como un tipo de ganadería que es móvil, adaptándose en el espacio a zonas de productividad cambiante. Se diferencia del nomadismo, en el que los lugares de pastoreo en cada estación son fijos. Este tipo de ganadería tiene grandes ventajas, como el aumento de la fertilidad de los suelos, que se benefician con la incorporación de estiércol y otros vegetales.

Ganadería de autoconsumo: como su nombre lo indica, se refiere a la cría de animales por una familia para obtener productos como leche, carne o huevos.

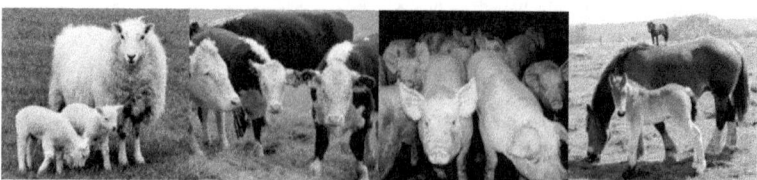

Algunas de las principales ganaderías mundiales son: la ovina, bovina, porcina y equina.

Feed-lots

Es una tecnología de producción de carne en donde los animales se encuentran en corrales, bajo un estricto control sanitario y nutricional, recibiendo dietas de alta concentración energética (generalmente basadas en maíz) y alta digestibilidad. Se busca que la alimentación sea lo más ajustada posible para producir la

mayor cantidad de carne en el menor tiempo y al menor costo posible, maximizando la ganancia diaria, hasta que logran un peso vivo determinado con el grado de engrasamiento que pide el mercado. En ese momento, el ganado engordado se encuentra listo para ser enviado a faena.

La ganadería en nuestro país

La Argentina ocupa un importante lugar en el mundo como país ganadero, en lo que se refiere a bovinos (el quinto lugar por sus existencias y el tercero como productor de carne). Sus extensas praderas y el clima propicio favorecen el desarrollo ganadero. Mediante selección y cruzamiento genéticos se aseguró la calidad de las razas de bovinos Shorthorn, Heresford, Aberdeen Angus y Holando Argentino (para leche); y de ovinos: Merino, Corriedale y Lincoln. En la región pampeana se concentra la producción de vacunos, porcinos y equinos. El ovino prevalece en la Patagonia, en el sur y sureste de Buenos Aires y en Corrientes. Entre Ríos produce los mejores yeguarizos del país, aunque estos se crían en todo el territorio. Asnales y mulares tienen su mejor ámbito en las provincias del noroeste argentino. Los caprinos se crían en la Patagonia y el noroeste.

La producción ganadera es un sector importantísimo en la economía argentina, así como la refrigeración y procesamiento de carne y subproductos. La producción anual supera los 3,4 millones de toneladas. A principios de la década de 1990, el país contaba con unos 50 millones de cabezas de ganado vacuno, 23,7 millones de ganado ovino y 4,8 millones de porcino; además, existían unos 3,3 millones de caballos, que se han ganado fama internacional en el mundo de la hípica y del polo.

A pesar del retroceso sufrido durante la década de 1980, la exportación de ganado sigue jugando un importante papel en el comercio internacional.

En 1994 los ingresos en concepto de carne y pieles ascendieron a 1.700 millones de dólares, lo que suponía un 11% del total de las exportaciones. Desde hace mucho tiempo, Argentina es líder mundial en la exportación de carne cruda, aunque cada vez es más importante la exportación de la carne procesada y envasada.

El país produce y exporta grandes cantidades de lana. A principios de la década de 1990 se producían anualmente unas 202.000 t. de lana. Aproximadamente el 40% de las ovejas se crían en la Patagonia.

La cantidad de ganado producido en nuestro país ha disminuido en las últimas décadas a expensas del aumento de las tierras dedicadas a la agricultura.

Actividades

- Expliquen brevemente los diferentes tipos de ganadería.
- Busquen ejemplos de alimentos y productos que se obtienen gracias a las prácticas ganaderas.

Sistemas agrícolas

Un agroecosistema abarca, en su estructura, además de la comunidad de plantas y animales en relación con el ambiente físico, una colección de implementos que el hombre ha introducido y que utiliza con el fin de amplificar su control sobre los flujos de energía y de nutrientes e incrementar la productividad para su propio beneficio.

La función de la agricultura, entonces, es la de orientar este flujo, directa o indirectamente, hacia una sola especie: la humana.

La estructura y el funcionamiento del ecosistema natural son modificados y adquieren las características de agroecosistema. Desde el punto de vista estructural el principal rasgo de este tipo de sistemas es el de la simplificación mediante la eliminación de los consumidores no humanos. Es obvio que el rendimiento cosechable de una determinada superficie aumentará si no se permite que los animales se coman las cosechas. El ecosistema natural se mantiene en equilibrio porque los animales comen el excedente producido por las plantas. Si el hombre es el único herbívoro en un campo dado, cosechará más de lo que necesita para comer, quedándole así un excedente que podrá vender. De este modo el empleo de cercados para mantener a los herbívoros alejados de los cultivos puede aumentar el rendimiento de las cosechas.

En esencia, el objetivo de la estrategia agrícola consiste en reemplazar una comunidad natural, que puede muy bien tener complejidad estructural, y estabilidad elevada, pero baja productividad por unidad de biomasa para el hombre, por un sistema menos complejo pero más productivo para él, a costa de sacrificar la estabilidad.

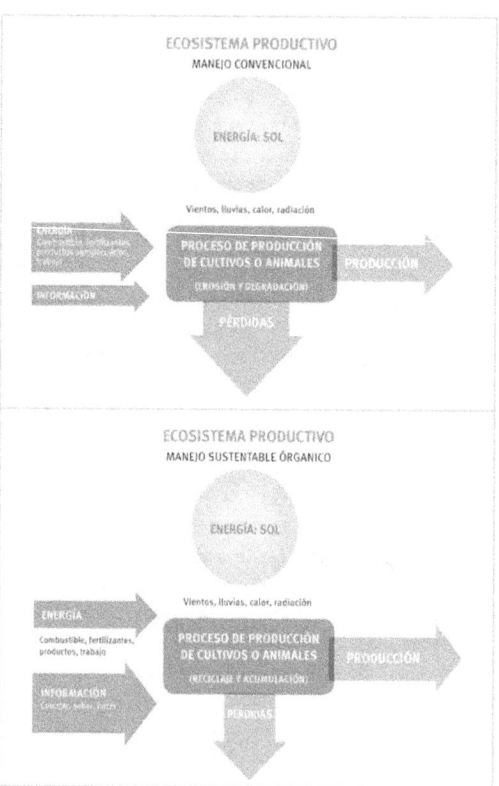

En estos gráfico, se ve, en el grosor de las flechas, que en la agricultura convencional se necesita mucha más energía para el proceso de producción; y a su vez, las pérdidas son mayores. Mientras que en el manejo orgánico, para realizar la misma producción se requiere menor cantidad de energía y las pérdidas son menores.

Tipos de agricultura

Los tipos de agricultura pueden dividirse según distintos criterios de clasificación:

Según su dependencia del agua:

- De secano: es la agricultura producida sin aporte de agua por parte del mismo agricultor, nutriéndose el suelo de la lluvia o aguas subterráneas.
- De regadío: se produce con el aporte de agua por parte del agricultor, mediante el suministro que se capta de cauces superficiales naturales o artificiales, o mediante la extracción de aguas subterráneas de los pozos.

Según el método y objetivos:

- Agricultura tradicional: utiliza los sistemas típicos de un lugar, que han configurado la cultura del mismo, en periodos más o menos prolongados.
- Agricultura industrial: basada sobre todo en sistemas intensivos, está enfocada a producir grandes cantidades de alimentos en menor tiempo y espacio –aunque con mayor desgaste ecológico–, dirigida a mover grandes beneficios comerciales.
- Agricultura ecológica, biológica u orgánica: crea diversos sistemas de producción que respeten las características ecológicas de los lugares y las geobiológicas de los suelos, procurando respetar las estaciones y la distribución natural de las especies vegetales, fomentando la fertilidad del suelo.
- Agricultura natural: se recogen y consumen los productos naturales que se generan sin la intervención humana.

La agricultura de regadío y la producción orgánica son algunas de las formas de agricultura más utilizadas actualmente.

Según el rendimiento que se pretenda obtener:

- Agricultura intensiva: busca una producción grande en poco espacio. Conlleva un mayor desgaste del sitio. Propia de los países industrializados.
- Agricultura extensiva: depende de una mayor superficie, es decir, provoca menor presión sobre el lugar y sus relaciones ecológicas, aunque sus beneficios comerciales suelen ser menores.

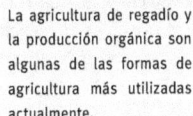

Cosecha de cultivo extensivo de soja.

Según la magnitud de la producción y su relación con el mercado:

- Agricultura de subsistencia: consiste en la producción de la cantidad mínima de comida necesaria para cubrir las necesidades del agricultor y su familia, sin apenas excedentes que comercializar. El nivel técnico es primitivo.
- Agricultura industrial: se producen grandes cantidades, utilizando costosos medios de producción, para obtener excedentes y comercializarlos. Típica de países industrializados, de los países en vías de desarrollo y del sector internacionalizado de los países más pobres. El nivel técnico es de orden tecnológico.

Producción intensiva de zapallito bajo invernáculo.

Siembra convencional versus siembra directa

La agricultura extensiva en la Argentina, con los cuatro principales cultivos anuales, representa alrededor del 90% de la producción total de granos. En este sistema de agronegocios coexisten diferentes formas de producción, con diferencias en el manejo de plagas, en los esquemas de fertilización y de rotación. Pero la diferencia más notoria radica en la siembra, que puede ser convencional o directa. En la siembra convencional se utilizan variados implementos mecánicos como arados, discos y rastras donde se rotura el suelo y se prepara la cama de siembra para luego sembrar efectivamente.

La siembra directa, por su parte, es un sistema de conservación que deja sobre la superficie del suelo el rastrojo del cultivo anterior. No se realiza movimiento importante de suelo, excepto el movimiento que efectúan los discos cortadores de la sembradora al abrir el surco donde se localizará la semilla. La siembra directa permite producir sin degradar el suelo, mejorando en muchos casos las condiciones físicas, químicas y biológicas del mismo. Además logra hacer un uso más eficiente del agua, recurso que en cultivos de secano es generalmente el factor limitante en la producción. Así, el sistema logra niveles productivos altos con estabilidad temporal y en armonía con el ambiente.

Los principales beneficios derivados de la siembra directa son:
- 96% menos de erosión del suelo.
- 66% menos de uso de combustible.
- Mayor calidad de agua.
- Mayor actividad biológica.
- Aumento de la fertilidad del suelo.
- Mayor estabilidad de producción y rendimiento.
- Incorporación de nuevas áreas para la producción.
- Menores costos de producción.
- Más eficiencia en el uso de agroquímicos.

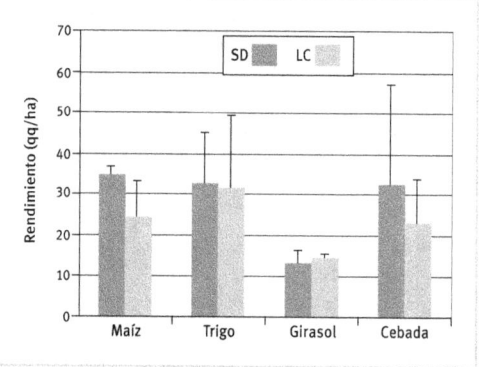

Los rendimientos son mayores en la siembra directa (SD) que en la siembra convencional (LC) para la mayoría de los cultivos.

Actividades

- Elijan una de las clasificaciones de la agricultura y describan los diferentes tipos que en ella se encuentran.
- Diseñen un cuadro comparativo que incluya características, beneficios y desventajas de la siembra directa y la convencional.

Flujo de energía en los agroecosistemas

Sumada a la energía humana, la luz solar y los combustibles fósiles son las fuentes principales de energía en la producción agrícola.

Las actividades agrícolas, producción de cultivos y ganadería, modifican drásticamente el flujo de energía en los ecosistemas. Podemos percibir a la producción agropecuaria como una manera de alterar, en provecho del hombre, la magnitud de los flujos de energía en el ecosistema. Por ejemplo en un cultivo de maíz, la aplicación de insecticidas reduce el consumo de herbívoros y aumenta la parte de la productividad neta de la comunidad que será exportada (grano). La modificación de estos flujos se realiza mediante la aplicación de subsidios de energía. Estos subsidios adquieren la forma de labranzas, riego, fertilizantes, variedades genéticamente modificadas, suplementación, tratamientos sanitarios, etcétera. Todas estas acciones aportan energía al sistema, de manera que aumentan algún flujo en particular a expensas de otros. Dependiendo del objetivo de la producción, será el tipo de subsidio a aplicar. Por ejemplo, en un cultivo para grano, los subsidios deben minimizar el consumo de los herbívoros, mientras que en un sistema ganadero deberán maximizar ese mismo flujo.

Los subsidios energéticos permiten, en última instancia, disminuir los costos de mantenimiento de uno o más componente del ecosistema o eliminar un componente que compite con aquel que nos interesa en particular. Así, al aplicar un tratamiento sanitario, el ganado vacuno invertirá menos energía en el desarrollo de mecanismos de defensa frente a determinadas plagas. Al eliminar parásitos o controlar a los depredadores, se elimina el nivel trófico superior y se permite la acumulación de la forma de energía que nos interesa cosechar (grano, carne, lana, leche, madera, etcétera).

La aplicación de un subsidio depende, en última instancia, de la relación de costos entre una unidad de la forma de energía a aplicar (vacunas, gas oíl, insecticida, trabajo humano) y una unidad energía del producto a cosechar (lana, carne, grano), y del impacto del subsidio sobre el flujo o componente de interés. Solo aquellos sistemas en los que el producto a obtener sea lo suficientemente valioso y/o el aumento en la cantidad producida sea suficientemente alto se justificará la aplicación de subsidios.

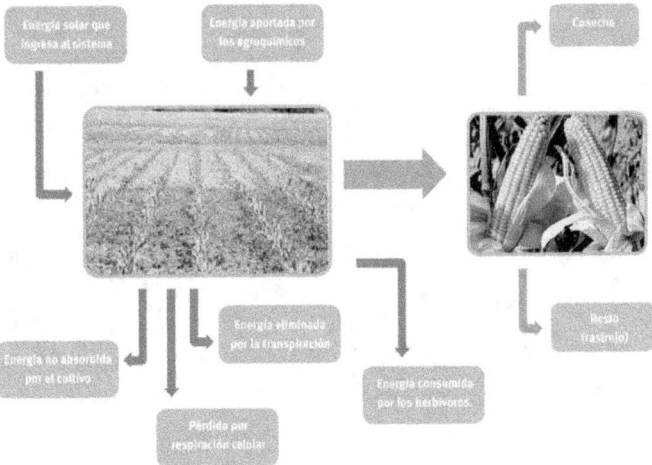

La agricultura en nuestro país

En la Argentina, la agricultura se lleva a cabo principalmente en la región pampeana, pero también en el noroeste, noreste y cuyo.

A principios de 1960, la producción aumentó debido al incremento de la superficie de las explotaciones y el aumento de la productividad. Además la introducción de nuevas tecnologías intensificó el uso de las tierras. El crecimiento responde además a un modelo económico orientado en la exportación donde la agricultura ha sido la de mayor importancia.

A fines del siglo XIX y principios del siglo XX, nuestro país se especializaba en la producción y luego exportación de lana, trigo, carnes y cereales. En este proceso tuvo una influencia determinante la inmigración de la segunda mitad del siglo XIX.

La mayoría de los inmigrantes eran agricultores europeos y venían en busca de trabajo, por eso se establecieron mayoritariamente en las zonas agrícolas.

La necesidad de mano de obra fue satisfecha con esta llegada de inmigrantes al país, que además favorecieron el aumento de las producciones agrícolas para la exportación que fue el eje de la economía en esos años.

Los inmigrantes europeos introdujeron nuevos métodos de explotación de las tierras para la agricultura. Paralelamente se produjo una modernización de la infraestructura y de las técnicas, lo que hizo posible un gran crecimiento de las actividades agropecuarias.

Otro medio que incidió en el aumento de la producción fue el uso de semillas, que posteriormente trajo aparejado la introducción de herbicidas, plaguicidas y fertilizantes. Al conjunto de estos adelantos se lo denominó "paquete tecnológico".

Las principales producciones en nuestro país son los cereales como trigo, maíz, avena y sorgo; y las oleaginosas como girasol, maní y soja. Actualmente se desarrolla mayoritariamente la producción de soja para el mercado externo.

La producción agraria tiene diferentes destinos. Uno, es el consumo final de los productos, como en las frutas y verduras. Otro, es cuando los productos agrícolas sufren transformación hasta convertirse en productos finales, como la explotación forestal para obtener papel. Es decir que los productos agrícolas pueden ser empleados para las actividades industriales y también para las comerciales.

Esta producción puede ser destinada tanto al mercado interno como al mercado externo, es decir a la exportación. En las economías regionales satisfacen, principalmente, el mercado interno, mientras que son las grandes empresas agropecuarias las que concentran los negocios de exportación.

El trigo, el maíz, la avena y el sorgo son cuatro de los principales cultivos de nuestro país.

El modelo agroexportador fue posible gracias a la introducción del ferrocarril como una vía de transporte de los productos hacia el mercado interno y externo. La red ferroviaria permitía la comunicación del área de producción agropecuaria con el puerto de Buenos Aires. La rentabilidad, al llevar a cabo estas actividades, se hizo posible por la reducción de los costos de transporte, lo que permitió el desarrollo del sector agropecuario en el país.

Actualmente, sobre todo con el cierre y la falta de desarrollo de ramales ferroviarios en los años ´90, la infraestructura en el sector agropecuario es escasa ya que las rutas, los sistemas de transporte y los puertos no resultan suficientes para los requerimientos de la actividad.

Los complejos agroindustriales tuvieron un gran desarrollo debido a la concentración de las industrias, las innovaciones tecnológicas y la vinculación entre el sector industrial y el agropecuario. Algunos desarrollos industriales importantes son los de los lácteos, la avicultura y las oleaginosas.

Superficie sembrada de granos en Argentina por cultivo

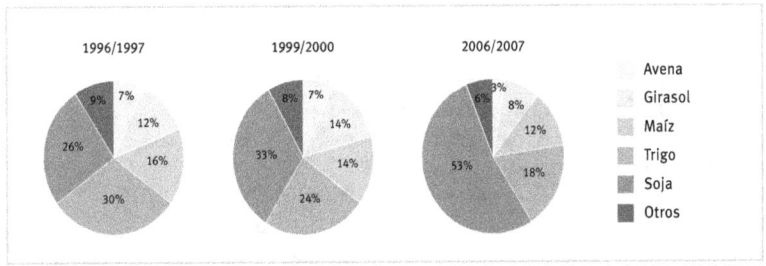

En los últimos años la superficie sembrada con soja creció enormemente a expensas de los demás cultivos y la ganadería.

La soja

Durante la década del 1970 la soja comenzó a difundirse en la Argentina. Se comenzó a cultivar en la región pampeana (principalmente en la pampa ondulada), pero hoy en día también se cultiva en el nordeste y el noroeste a través de los procesos de pampeanización. Actualmente la Argentina ocupa el tercer lugar mundial como productora de soja, y el primer lugar como exportador de aceite de soja.

La soja permite la elaboración de otros productos como los granos, aceites, harinas y porotos. La mayor parte, son destinados al mercado externo, hacia países europeos, Estados Unidos y en los últimos años, a China e India.

Existen numerosos usos de la soja en la industria; por ejemplo, en antibióticos, materiales de limpieza, cosméticos, cartón, pinturas, plásticos, insecticidas, textiles y adhesivos. También se emplea en productos alimenticios como leche, jugos, pastas, aceites, cervezas, cereales y productos dietéticos. La harina de soja se destina, asimismo, para alimentar ganado, peces, mascotas, aves, ganadería y productos lácteos.

Control de plagas

Las plagas son animales, generalmente insectos, o plantas que se multiplican y rápidamente colonizan un terreno como especie predominante. Inicialmente, el uso de sustancias con efecto plaguicida en la agricultura fue considerado un método químico efectivo para controlar su crecimiento. Sin embargo, una utilización continuada y excesiva provoca la acumulación de sustancias tóxicas que ponen en riesgo la vida y la dinámica de los ecosistemas.

Para controlar el crecimiento de una población de insectos o de cualquier parásito, es necesario conocer previamente algunas características de dicha especie: el tipo de alimentación y ambiente preferidos, y los daños que produce en el ecosistema desde etapas tempranas hasta el estado de adulto. Actualmente, existen métodos que no perjudican tanto al ambiente.

Los métodos biológicos: introducen en los terrenos predadores naturales de las plagas. De este modo, permiten controlar el crecimiento de las poblaciones de plagas que se quieren combatir. Por ejemplo, las avispas parasitoides, introducidas en plantaciones de cítricos, depositan sus huevos en las larvas de los pulgones (plaga de estos cultivos) y les producen la muerte. Este método resulta una alternativa eficaz al uso de cianuro, un plaguicida al que los insectos se vuelven resistentes con los años y que es tóxico para la mayoría de los seres vivos.

Los métodos mecánicos: consisten en modificar los terrenos y crear condiciones que limiten la proliferación de plagas. Un proyecto, que un grupo de investigadores de la Universidad de Buenos Aires realiza en el norte argentino desde 1993, constituye un ejemplo de control mecánico de una maleza y de un uso controlado del ambiente. Los campos del Chaco y Formosa fueron invadidos desde 1930 por el viñal, una planta espinosa que gana terreno a otras plantas. En unos pocos años, el paisaje se transformó en un terreno cubierto de viñales que reemplazó los pastizales y las tierras utilizadas para tareas agrícolas y de pastoreo. Esta transformación significó una gran pérdida para los pobladores locales. Con el fin de controlar el crecimiento de la población de viñales y recuperar el paisaje, los investigadores redujeron esta población a la quinta parte de su tamaño inicial. Se eliminaron los ejemplares débiles de la población, y así, los restantes crecieron mejor, dado que disponían de más recursos. La madera de los viñales, similar a la del algarrobo, es empleada por los pobladores en la confección de muebles, parqué y carbón. En consecuencia, una explotación sustentable de los bosques de viñales permitió mejorar la calidad de la población restante, restaurar la tierra y el paisaje invadidos por la maleza y, a la vez, brindar una fuente alternativa de ingresos a la población humana local.

Una de las formas del control biológico es el empleo de otros insectos depredadores para combatir los insectos plagas que causan los daños en los cultivos.

Actividades

• Investiguen acerca de algún insecto que sea utilizado como controlador de plagas y describan su comportamiento.

Agricultura y medio ambiente

La agricultura tiene un gran impacto en el medio ambiente. En los últimos años, algunos aspectos de la agricultura intensiva a nivel industrial han sido cada vez más polémicos. La creciente influencia de las grandes compañías productoras de semillas y productos químicos y las procesadoras de comida preocupan tanto a los agricultores como al público en general. El efecto desastroso sobre el entorno de la agricultura intensiva ha causado que varias áreas, anteriormente fértiles, hayan dejado de serlo por completo, como ocurrió en tiempos remotos con Oriente Medio, antaño la tierra de cultivo más fértil del mundo y ahora un desierto.

La degradación de los suelos

Por degradación de los suelos se entiende el deterioro de las propiedades físicas, químicas y biológicas, aisladamente o en forma combinada.

Uno de los procesos que producen la degradación física es la erosión, que es el proceso mediante el cual el agua y el viento despojan al suelo de las capas fértiles (horizonte O y A), dejándolo improductivo. Hay diferentes tipos de erosión.

- La erosión hídrica es causada por la acción del agua (lluvia, ríos y mares). En las zonas empinadas, si el suelo está descubierto (sin plantas), las gotas de lluvia arrastran las partículas formando zanjas o cárcavas. Los ríos, cuando las orillas están sin árboles, van carcomiendo el suelo y lo arrastran en las épocas de creciente.
- La erosión eólica es causada por el viento que transporta y levanta las partículas del suelo produciendo acumulamientos (dunas o médanos) y torbellinos de polvo.

La erosión, tanto hídrica como eólica, es consecuencia directa de la tala de bosques, que se produce muchas veces para obtener tierras para la agricultura. Cuando se eliminan las plantas de un terreno, el suelo descubierto queda expuesto a la acción directa del viento y de las lluvias, que desgastan o erosionan su superficie. Además de no recibir nuevos aportes de materia orgánica, gran cantidad de nutrientes minerales son arrastrados por el agua y el viento, y los suelos pierden fertilidad. En este sentido, los terrenos montañosos de pendiente pronunciada son especialmente vulnerables a la erosión. En general, las superficies arboladas de estos terrenos previenen el desgaste de los suelos, contribuyen a una mayor absorción del agua y aportan materia orgánica. Pero si los suelos son deforestados y usados para cultivo y pastoreo, en pocos años se vuelven infértiles.

Otra forma de degradación es la degradación química, que consiste en la pérdida de nutrientes y de materia orgánica, así como también en la salinización y la polución.

A su vez el deterioro físico se produce por compactación, por el uso impropio de maquinaria pesada; el sellado, causado por sobrepastoreo de animales de porte pesado como vacunos y equinos; y el anegamiento por mal drenaje al aplicar exceso de agua de riego.

Reducción de la biodiversidad

Como consecuencia del gran crecimiento poblacional y del uso desmedido de los recursos naturales en los últimos siglos, los ecosistemas que antiguamente sostuvieron a la humanidad sin perder una relativa estabilidad ecológica, como los grandes bosques, se fueron deteriorando.

En la actualidad, más de la mitad de la superficie libre de hielo del planeta posee suelos desgastados y una menor diversidad de especies de las que existieron en el pasado.

Si se considera al planeta como un sistema cerrado que no recibe aporte exterior más que la radiación solar, se puede comprender que la capacidad de renovación de los ambientes es acotada. Aunque el uso de recursos naturales siempre introduce cambios en el ambiente, los ecosistemas generalmente encuentran nuevos estados de equilibrio.

Pero cuando la explotación de los recursos naturales es intensiva y no hay tiempo suficiente para que el ecosistema se recupere, los cambios pueden ser muy violentos. Los intereses económicos persiguen una explotación intensiva en un corto tiempo (de un recurso marino, de un bosque o de un cultivo), actividad que se traslada a otras fuentes una vez que se agotan los recursos en el lugar elegido. Actualmente, la explotación de especies "productivas", de interés económico, conduce a la eliminación de animales y vegetales "no productivos".

Dado que los vegetales productivos suelen tener una menor capacidad de adaptación a los cambios climáticos (requieren un mayor riego y son más vulnerables a las enfermedades), los ecosistemas naturales son transformados en ecosistemas frágiles, donde el desgaste de la tierra es una consecuencia casi inevitable.

La deforestación de grandes superficies de la selva misionera para el cultivo de plantas de interés económico, como el tabaco, constituye un buen ejemplo de la destrucción de ambientes naturales. Como consecuencia de esta actividad, extensas áreas redujeron su biodiversidad a una única o unas pocas especies; así, se deterioró el suelo y disminuyó la productividad del ambiente a niveles cuya recuperación es muy costosa. La regeneración de esta zona boscosa requeriría muchas décadas, incluso siglos, hasta que la fertilidad del ecosistema se restableciera.

Uso excesivo de agroquímicos

Los agroquímicos son sustancias ampliamente usadas en la agricultura, como los insecticidas, herbicidas y fertilizantes. El efecto de estos sobre el terreno sembrado se expande hacia el aire y con mayor perjuicio se instala en el agua, contaminando las napas subterráneas, los ríos y lagos, así como los alimentos cultivados en los terrenos donde se utilizó. Por eso su uso se debe reducir al mínimo indispensable.

Sin embargo, si no fuese por su presencia, la historia de la humanidad estaría signada por estadísticas de muertes por falta de alimento o por plagas.

En el año 1962, la investigadora estadounidense, Rachel Carson, publicó *Primavera Silenciosa*, donde afirmaba que los agroquímicos, utilizados en la agricultura, sobre todo el DDT, producían devastadores efectos sobre la vida silvestre, y que, de prolongarse su uso, desaparecían todos los pájaros del mundo, produciéndose una primavera silenciosa. Si bien, Carson tenía razón con respecto a los males contaminantes del DDT, no se analizó el malestar que produciría el no usarlo, pues su acción se extiende al control de plagas de insectos y parásitos causantes de enfermedades en los seres humanos. Actualmente está prohibida la producción y comercialización de todos los productos de protección de plantas que contengan DDT.

Son innumerables los agroquímicos, que así como generan beneficios a corto plazo, son perjudiciales en un futuro no muy lejano. Pero, la paradoja es que gracias a los agroquímicos, la producción de alimentos puede satisfacer gran parte de la enorme demanda de la creciente población mundial.

Los agroquímicos evitan la proliferación de plagas que dañarían millones de hectáreas de alimentos ayudando a los agricultores a mantener sus cosechas. Hay que tener en cuenta que los pesticidas también se emplean para combatir enfermedades como la malaria y el tifus que son trasmitidas a las personas por insectos y parásitos.

La otra cara de la moneda es que el uso indiscriminado de agroquímicos ha provocado la disminución de la biodiversidad, además del grave impacto negativo en la salud humana y la contaminación del agua, el suelo y el aire.

Otra de las razones para reducir el uso de los plaguicidas en la agricultura, es que se han convertido en agentes causantes de destrucción de plantas alimenticias y silvestres, muerte de animales y graves problemas de salud en seres humanos.

Este 26 de noviembre se conmemora el Día Mundial Contra el Uso Indiscriminado de Agroquímicos, con la finalidad de hacer un llamado a la reflexión sobre la grave crisis ambiental generada por su uso a nivel global.

Los métodos de fumigación con agroquímicos pueden ser manuales o por medio de aviones fumigantes.

Actividades

- Si quisieran iniciar un emprendimiento agropecuario, ¿cuál elegirían? ¿Qué aspectos tendrían en cuenta para implementarlo? ¿Cómo resolverían el riego? ¿Cómo combatirían las plagas? Justifiquen cada una de las elecciones.

La agroecología

Una característica central de la agroecología (que la distingue de la agricultura convencional) es que su práctica se fundamenta en la interpretación de un conjunto de principios. Estos principios representan el verdadero corazón de esta ciencia.

Por su parte, la agricultura convencional fundamenta su práctica en la aplicación de un conjunto amplio de técnicas cuya aplicación no responde a la interpretación de principio alguno. Esta es la razón por la que se suele decir que la diferencia entre la agricultura convencional y la agroecología, es que la primera no tiene principios mientras que la segunda sí. Los principios primordiales de la agroecología son:

a) Diversificar el agroecosistema.

b) Adaptarse a las condiciones locales.

c) Balancear el flujo de nutrientes y energía.

d) Conservar los recursos.

e) Incrementar las relaciones sinérgicas.

f) Manejar holísticamente el sistema.

Es común entre muchos especialistas creer que la agroecología se reduce a la aplicación de un conjunto de técnicas (compostaje, siembra en curvas de nivel, uso de biocontroladores, etcétera). Este es un grave error que reduce esta ciencia a una agricultura orgánica o agricultura de sustitución de insumos. Por eso es necesario interiorizarse sobre el alcance y las implicaciones de los principios de la agroecología.

Características de los agroecosistemas

Recordemos que un agroecosistema es un ecosistema constantemente perturbado por la acción del ser humano. Estas perturbaciones se traducen en que:

1. El sistema se mantiene en los estados tempranos de la sucesión, con una biodiversidad reducida artificialmente, favoreciendo la entrada al sistema de especies con características invasoras, por ejemplo, plagas.

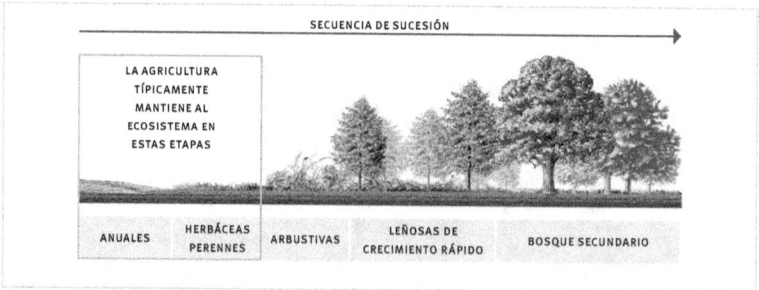

Fases de la sucesión ecológica en donde la agricultura típicamente mantiene al agroecosistema.

2. El ecosistema es cíclicamente llevado a un estado de diversidad mínima (máxima perturbación) al inicio de cada ciclo de cultivo durante las labores del suelo.

3. Las especies que se encuentran en el agroecosistema son escogidas por el ser humano y no el producto del proceso de co-evolución. Por lo que estas especies pueden presentar características poco adaptadas a las condiciones locales.

4. Los flujos de energía y nutrientes son alterados por el ser humano. Se introduce energía y nutrientes externos al sistema para incrementar la producción de biomasa comercializable. Se retiran nutrientes del sistema en forma de cosecha.

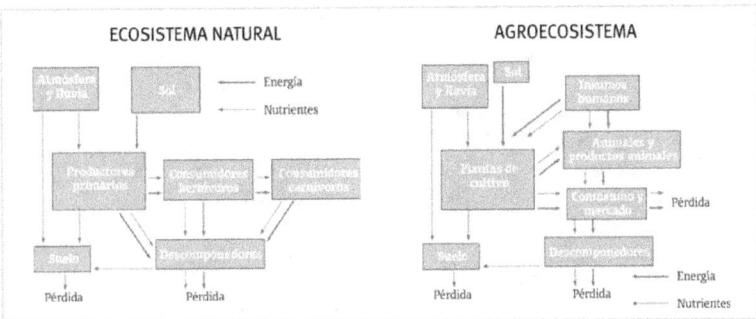

Flujos de energía y nutrientes en un ecosistema natural y en un agroecosistema. Las flechas rojas representan flujos alterados por el ser humano.

5. La redundancia trófica es casi inexistente. La agricultura intenta redireccionar los flujos naturales de la energía y nutrientes del sistema. Esto con el fin de incrementar el porcentaje de energía y nutrientes que son cosechados. Este redireccionamiento implica transformar la compleja red trófica de los ecosistemas naturales en cadenas tróficas lineales.

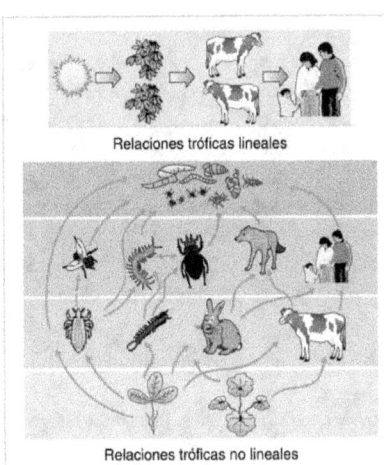

Relaciones tróficas lineales

Relaciones tróficas no lineales

Relaciones tróficas en un agroecosistema simple y en un agroecosistema diverso. En el caso del agroecosistema simple, no existe la posibilidad de mecanismos internos de regulación poblacional denso dependientes, mientras que en el agroecosistema diverso sí existe esta posibilidad.

Los beneficios de la agroecología

Todos los principios de la agroecología pueden ser correctamente entendidos como formas de atenuar el efecto de las perturbaciones ocasionadas por el ser humano en el agroecosistema. En este marco de ideas, ensayemos algunas posibles interpretaciones de los principios:

I. *Diversificar el agroecosistema* es una forma de atenuar el efecto (por ejemplo, de disminución de la diversidad) que tiene el mantener al sistema en etapas tempranas de la sucesión y llevarlo cíclicamente a un estado de máxima perturbación.

II. *Adaptarse a las condiciones locales*, no es más que una manera de aproximar la composición de fauna y flora del agroecosistema a las especies propias de la localidad. Esto se lleva a cabo utilizando variedades locales adaptadas.

III. *Balancear el flujo de nutrientes-energía y conservar los recursos* intenta disminuir los desbalances ocasionados por el aporte extra de energía y nutrientes hechos al sistema y la degradación de los recursos (como el suelo) debida a la fuga de nutrientes en forma de cosecha. Esto se logra, entre otras cosas, utilizando como insumos de cada uno de los subsistemas (por ejemplo, subsistema animal, subsistema vegetal, subsistema forestal) los subproductos generados en otros subsistemas (por ejemplo, restos de cosecha, excretas animales). El efecto final de estas prácticas es disminuir las entradas y salidas artificiales del sistema.

IV. *Incrementar las relaciones sinérgicas*, apunta al incremento de las relaciones complejas entre los componentes de la agrobiodiversidad. Esto involucra abandonar el tradicional esquema lineal en las relaciones tróficas y favorecer la redundancia de funciones y la ocurrencia de vías alternativas al flujo de nutrientes-energía. Para lograr este objetivo es indispensable cumplir con el principio de *diversificar el agroecosistema*. Esto se traduce en el afloramiento de autocontrol de las poblaciones (por ejemplo, de plagas). Lo que a su vez disminuye la necesidad de perturbar el sistema mediante controles externos de estas poblaciones.

V. *Manejar holísticamente el sistema* (el más profundamente ecológico de todos los principios), hace referencia a un entendimiento profundo del agroecosistema. Este entendimiento se fundamenta en reconocer que el agroecosistema es un ecosistema y no una fábrica de alimentos. Es un conjunto de elementos (bióticos y abióticos) que interactúan de diferentes maneras. Un sistema complejo, en donde las perturbaciones que sufran algunos de sus componentes pueden tener efectos desproporcionados sobre otros componentes del sistema. De esta manera, el manejar por separado los diversos subcomponentes, impide tener una visión de las propiedades que emergen de su interacción.

Actividades

• Describan las diferentes perturbaciones que se producen en los agroecosistemas y cómo la agroecología trata de remediar a cada uno de ellos.

Crecimiento de las lombrices de tierra: su respuesta a los cambios ambientales

El objetivo de esta práctica es simular la acción de la actividad agropecuaria y evaluar los efectos sobre el crecimiento corporal de las lombrices de tierra. La situación a analizar será la pérdida de la estructura del suelo simulando la acción de la labranza. Se discutirán los resultados en función del efecto que tienen los disturbios ambientales sobre el crecimiento individual y su influencia sobre la dinámica poblacional.

Materiales:
- 20 macetas
- 40 lombrices (todas de tamaño similar)
- Tierra tamizada y sin tamizar
- Balanza granataria o analítica
- Tamices
- Palas
- Regaderas
- Freezer

Procedimiento:
a. Del mismo sitio de donde se recolectarán las lombrices se tomará una muestra de suelo. Se trabajará con los primeros centímetros del perfil. Se sacarán porciones de suelo (evitando que se desarme) de igual forma y tamaño que las macetas (20 en total). La mitad de esa tierra será pasada por un tamiz de 5 mm para llenar 10 de las macetas.
b. Se coloca la tierra en las macetas. Las 10 macetas con tierra sin tamizar (sin modificación antrópica) se llevarán a freezer por 24 horas con el fin de eliminar lombrices que pudieran estar en el pan de tierra.
c. A cada una de las macetas se le agregará 5 grs de materia orgánica triturada en la superficie y dos individuos por maceta.
d. Cada una de las macetas será rotulada con el dato del peso de los ejemplares que contiene.
e. Las lombrices se criarán por ocho semanas, al día 15 se las removerá de las macetas, para registrar su peso, esto se repetirá durante 2 meses, cada 15 días.
f. Para poder medir el efecto de los disturbios generados, se utilizará la tasa de crecimiento individual (TCI, d-1), que calcula el crecimiento durante un intervalo de tiempo infinitamente corto y responde a la siguiente ecuación: **TCI = ln (Pf/Pi) / t** donde Pf y Pi son el peso (mg) final e inicial de la lombriz en un intervalo de tiempo t medido en días.

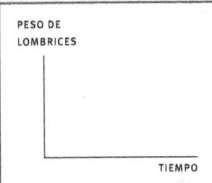

PESO DE LOMBRICES

TIEMPO

Resultados:
Se realizarán gráficos mostrando el peso corporal para cada tipo de disturbio en función del tiempo.
¿Qué grupo de lombrices aumentó más de peso?
¿A qué les parece que se debe esta diferencia?
¿Al tamizar la tierra, qué tipo de perturbación antrópica estamos simulando?

Los gráficos y la ciencia

Las **representaciones gráficas** permiten visualizar con claridad y rapidez el conjunto y la dependencia de las distintas variables de un sistema. De esta manera, los gráficos son útiles cuando se analizan los resultados de una experiencia, las cosechas de determinado cultivo, los resultados de un proceso industrial, etcétera. Las **variables** son características que se modifican cuando cambian las condiciones del sistema y pueden ser **cualitativas** (si no resulta posible su medición) o **cuantitativas** (si pueden medirse). Cuando hablamos de las toneladas de trigo cultivadas por hectárea, se trata de una variable cuantitativa; si comparamos las diferentes variedades de trigo, estamos ante la presencia de una variable cualitativa.

Las variables cuantitativas se clasifican en dos grupos, y de ello dependerá el tipo de gráfico que puede emplearse para representarlas:

* Las **variables continuas** son aquellas en que la variación entre los datos obtenidos no posee saltos o interrupciones.
* Las **variables discretas** son aquellas en que la variación presenta saltos o interrupciones que indican la ausencia de valores intermedios.

Para las variables continuas se recomienda el uso de curvas en coordenadas cartesianas o de histograma.

En los **gráficos cartesianos** se ubican: en la abscisa, la variable independiente (aquella que se modifica en forma arbitraria), y en la ordenada, la variable dependiente (aquella cuya variación es producto de los cambios de la variable independiente). Estos gráficos son útiles cuando se quiere comparar, en el mismo gráfico, dos distribuciones cuantitativas. Por ejemplo, se registró la evolución de las ventas anual de algunos herbicidas (en litros), obteniéndose el gráfico siguiente:

El **histograma** se puede definir como un conjunto de rectángulos, cuyas bases están ubicadas en el eje de las abscisas y equivalen a un **intervalo de clase**, y cuyas superficies son proporcionales a la **frecuencia** de cada intervalo. Consideremos un ejemplo para entender estos conceptos:

Al analizar la distribución de frecuencias de los niveles contaminantes de nicotina, se pudo realizar el siguiente histograma:

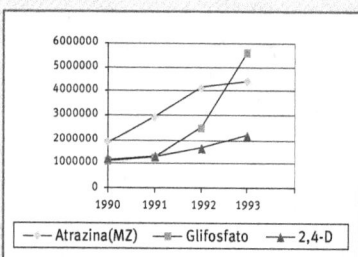

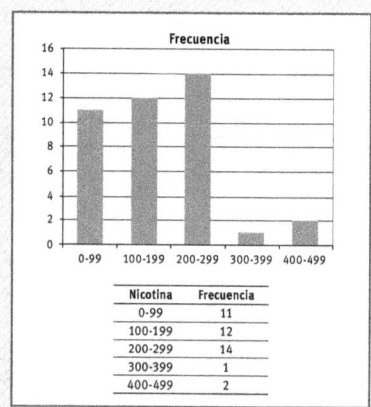

Nicotina	Frecuencia
0-99	11
100-199	12
200-299	14
300-399	1
400-499	2

Puede notarse que año a año se observa un incremento en la superficie tratada con herbicidas.

Los datos de la variable analizada (niveles de nicotina) se agrupan en intervalos. Como el ancho de los rectángulos es igual, el largo representa la frecuencia con que aparecen esos intervalos de niveles de nicotina.

Los **diagramas de barras** se usan para comparar datos cualitativos o cuantitativos discretos. El gráfico está constituido por un conjunto de barras, cuyas alturas son proporcionales a la frecuencia de cada característica cualitativa o variable discreta.

Por ejemplo: al encuestar a un grupo de personas sobre las preferencias de dos marcas de diferentes alimentos, se obtuvieron los siguientes resultados.

Para finalizar, los **gráficos circulares** o **gráficos de torta** son útiles cuando se desea demostrar porcentajes. Este tipo de gráfico es semejante a una torta vista desde arriba, en donde de forma rápida se puede distinguir el tamaño de las porciones.

Para construir el gráfico, consideramos que al círculo que representa el 100%, le corresponde un ángulo central de 360°, por lo tanto para hallar la amplitud de cada sector, calculamos el porcentaje correspondiente respecto de los 360°. Luego se traslada cada ángulo con transportador al círculo dibujado.

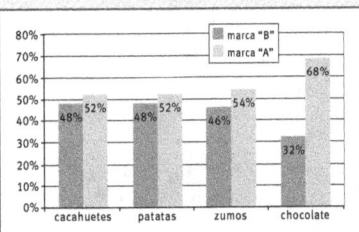

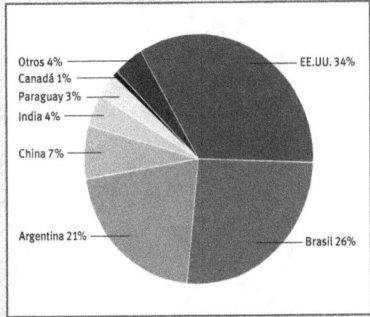

0

1. La cantidad de cabezas de los diferentes ganados durante el año 2008 producidos en nuestro país fueron: bovinos: 55.500.000, ovinos: 14.000.000, porcinos: 4.250.000, caprinos: 3.550.000, aves de corral: 115.0835.000.
   Representen gráficamente estos datos, utilizando el grafico más adecuado.

2. A partir de la siguiente tabla con datos porcentuales, confeccione tres gráficos circulares, uno para cada grupo de datos. Compárenlos y saquen conclusiones al respecto.

Regiones	1	2	3
África	12	8	3
Asia y Oceanía	57	5	17
América Latina	8	5	6
Europa Oriental	8	9	18
Cercano Oriente	3	57	3
Canadá y Estados Unidos	5	12	32
Europa Occidental	7	4	21

1:Población mundial (%); 2: Reservas de petróleo (%); 3: Consumos de petróleo (%)

1. Respondan si las siguientes afirmaciones son verdaderas o falsas, justificando todas sus respuestas.
   - El glifosato es inocuo para el ser humano.
   - Argentina actualmente es mayor productor de carne que de soja.
   - Una de las ventajas de la siembra directa es que deja una capa de rastros (restos vegetales) sobre el suelo, lo que le proporciona una protección contra la temperatura y la pérdida de agua.
   - La ganadería intensiva es mejor que la extensiva ya que genera menor contaminación.
   - La agroecología es una práctica agrícola que tiene como fin principal obtener los mejores cultivos con el menor daño ecológico posible.
   - La energía aportada por el sol, que entra a un sistema agrícola es la misma cantidad que se extrae de ese mismo sistema por medio de la cosecha.
   - La red trófica de un ecosistema natural es más sencilla que la de un agroecosistema.
   - Los agroquímicos aplicados sobre un cultivo pueden llegar a producir la contaminación del agua, ya que ingresan en el suelo y pueden llegar hasta el agua subterránea.
   - Está permitido el uso del DDT pese a su alto poder contaminante.
   - El pasaje de la caza y recolección hacia la agricultura y ganadería se debió a un aumento de la población mundial.

2. Diseñen un sistema agrícola-ganadero que sea lo más rentable y sustentable posible. Digan qué tipo de labranza utilizarían, que agroquímicos (plaguicidas, herbicidas, insecticidas), que sistema de riego, etcétera. Realicen un esquema del flujo de energía para el sistema que diseñen.

3. Expliquen cuál es la diferencia entre los siguientes pares de términos:
   - Siembra convencional – siembra directa.
   - Agricultura de regano – agricultura de regadío.
   - Control biológico – control químico.
   - Ganadería de autoconsumo – ganadería intensiva.
   - Ecosistema natural – agroecosistema.

4. Observen la fotografía de un terreno preparado para el cultivo intensivo de tabaco en Misiones.

a. ¿Cuáles son los posibles pasos que expliquen la degradación de los suelos por las transformaciones en la selva misionera?

b. ¿Qué prácticas realiza el hombre para maximizar el rendimiento de la tierra?

c. ¿Qué impactos provocan estas prácticas en el ecosistema?

d. ¿Qué alternativas permiten disminuir la degradación de los suelos sin contaminar?

5. Lean el siguiente artículo de diario que relaciona la situación agrícola-ganadera de nuestro país en la actualidad con las nuevas tecnologías aplicadas. Reúnanse con sus compañeros, busquen nuevos artículos y expongan la información encontrada. Discutan las ventajas y desventajas de estas nuevas tecnologías.

SERÁ PRODUCIDA EN EL PAÍS

Una vacuna para el ganado que protege al ser humano

Es contra la hidatidosis, la principal zoonosis.

"Es una nueva herramienta para saldar una vieja deuda." Con esas palabras fue presentada ayer la primera vacuna efectiva contra la hidatidosis, una enfermedad parasitaria que afecta al ganado y causa en el país pérdidas anuales por 183 millones de pesos, pero que puede pasar al hombre con extrema facilidad. Tanto es así que se notifican en la Argentina unos 450 casos de hidatidosis en humanos al año, lo que la convierte en la principal zoonosis.

La vacuna, que será producida en el país y en cuyo desarrollo participaron investigadores australianos, neozelandeses y argentinos, ha demostrado brindar hasta un 100% de protección en los animales vacunados –ovejas y cabras, fundamentalmente–, lo que permitirá romper el ciclo de vida del parásito que causa la hidatidosis y reducir el riesgo de contagio a humanos.

"Es la primera vacuna contra un parásito que, aplicada en un animal, protege al ser humano", destacó el doctor Oscar Jensen, del Departamento de Investigación de la Secretaría de Salud de la provincia de Chubut, que desde 1995 participa del desarrollo de la vacuna llamada Providean Hidatil EG95, que será producida en la Argentina por la compañía biofarmacéutica Tecnovax.

"La hidatidosis está difundida en todo el territorio nacional, con una mayor prevalencia en las zonas ganaderas –agregó Jensen–. El área de riesgo tiene una extensión de más de 1.200.000 km2, distribuidos en las áreas endémicas que son habitadas por 5.000.000 de personas, de las cuales 500.000 corresponden a niños menores de 5 años, los de mayor riesgo de enfermar".

¿Cómo llegan a contagiarse? El ciclo del parásito *Echinococcus granulosus* comienza cuando los animales –ovejas, cabras, vacas, cerdos, caballos, llamas y alpacas, pero también animales silvestres como el guanaco, la vicuña o la liebre– ingieren los huevos del parásito presentes en el pasto o el agua contaminados, y continúa cuando, al

ser faenados los animales infestados, sus achuras crudas en las que el parásito ha formado quistes son ofrecidas a los perros.

En el intestino de los perros, el parásito se desarrolla y pone huevos, que vuelven al medio ambiente cuando el animal defeca. La infección llega al ser humano a través de las verduras y el agua contaminadas por las heces, pero en los chicos el riesgo mayor está cuando juegan o son lamidos por un perro infectado. [...]

Por eso, ayer, en la conferencia de prensa en la que se presentó la vacuna –de la que participaron el ministro de Ciencia, Tecnología e Innovación Productiva, Lino Barañao, el secretario de Agricultura y Pesca, Lorenzo Basso, y la ministra de Industria Débora Giorgi–, Jensen aprovechó la ocasión para señalar la necesidad de un programa nacional de control de la hidatidosis, que asegure el acceso de los pequeños productores rurales a la vacuna.

La Nación, viernes 30 de septiembre de 2011.

Bibliografía

Audesirk, Teresa, Audesirk, Gerald, Byers, Bruce, *Biología: la vida en la Tierra*, Pearson Educación, México, 2003.

Begon, Michael, Harper, John, Townsend, Colin, *Ecología. Individuos, poblaciones y comunidades*, Omega, Barcelona, 1995.

Brailovsky, Antonio, *Esta, nuestra única Tierra. Introducción a la ecología y medio ambiente*, Larousse, 1994.

Campbell, Neil, Mitchell, Lawrence, Reece, Jane, *Biología. Conceptos y Relaciones*, Tercera edición, Pearson Educación, México, 2001.

Curtis, Helena, Barnes, N. Sue, *Biología*, Sexta edición, Editorial Médica Panamericana, Buenos Aires, 2006.

Darwin, Charles, *El origen de las especies*, Centro Editor de Cultura, Buenos Aires, 2004.

Ege, Seyhan, *Química Orgánica, Estructura y reactividad*, Reverté, España, 1997.

Esau, Katherine, *Anatomía de las plantas con semillas*, Tercera edición, Hemisferio Sur, 1982.

Evert, Ray, Esau, *Anatomía Vegetal*, Omega, 2006.

Hickman, C, Roberts, L, Larson, A, L'anson, H, Eisenhour, D, *Principios integrales de Zoología*, Decimotercera edición, Mcgraw-Hill, Interamericana de España, 2006.

Kardong, Kenneth, *Vertebrados, Anatomía comparada, función y evolución*, Cuarta edición, Mcgraw-Hill, Interamericana de España, 2007.

Lehninger, Albert, *Curso breve de Bioquímica*, Omega, Barcelona, 1976.

Margalef, R, *Ecología*, Planeta, 1981.

Nelson, David, Cox, Michael, Lehninger, *Principios de Bioquímica*, Cuarta edición, Omega, España, 2008.

Purves, William, Sadava, David, Orians, Gordon, Heller, Craig, *Vida, la Ciencia de la Biología*, Sexta edición, Editorial Medica Panamericana, Buenos Aires, 2004.

Rickleff, R, E, *Invitación a la ecología*, Cuarta edición, Editorial Medica Panamericana, 1998.

Ruppert, Edward, Barnes, Robert, *Zoología de los Invertebrados*, Sexta edición, Mcgraw-Hill, Interamericana, México, 1996.

Santos, Javier, "Las proteínas. Estructuras fascinantes", en colección: *Las Ciencias Naturales y la Matemática*, Ministerio de Educación, Instituto Nacional de Educación Tecnológica, 2009.

www.ingramcontent.com/pod-product-compliance
Lightning Source LLC
Chambersburg PA
CBHW070543220526
45467CB00003B/1032